MISTURA ESPECTRAL
modelo linear e aplicações

Yosio Edemir Shimabukuro
Flávio Jorge Ponzoni

MISTURA ESPECTRAL

modelo linear e aplicações

Yosio Edemir Shimabukuro
Flávio Jorge Ponzoni

Copyright © 2017 Oficina de Textos

Grafia atualizada conforme o Acordo Ortográfico da Língua Portuguesa de 1990, em vigor no Brasil desde 2009.

CONSELHO EDITORIAL Arthur Pinto Chaves; Cylon Gonçalves da Silva; Doris C. C. K. Kowaltowski; José Galizia Tundisi; Luis Enrique Sánchez; Paulo Helene; Rozely Ferreira dos Santos; Teresa Gallotti Florenzano

Capa ALEXANDRE BABADOBULOS
Projeto gráfico MALU VALLIM E MARIA LÚCIA RIGON
Preparação de figuras e diagramação ALEXANDRE BABADOBULOS
Preparação de texto HÉLIO HIDEKI IRAHA
Revisão de texto PAULA MARCELE SOUSA MARTINS
Impressão e acabamento RETTEC ARTES GRÁFICAS

Dados Internacionais de Catalogação na Publicação (CIP)
(Câmara Brasileira do Livro, SP, Brasil)

Shimabukuro, Yosio Edemir
Mistura espectral : modelo linear e aplicações /

Yosio Edemir Shimabukuro, Flávio Jorge Ponzoni. --
São Paulo : Oficina de Textos, 2017.

Bibliografia
ISBN 978-85-7975-270-4

1. Monitoramento por satélite 2. Processamento de imagens 3. Sensoriamento remoto - Imagens I. Ponzoni, Flávio Jorge. II. Título.

17-02700   CDD-621.3678

Índices para catálogo sistemático:
1. Sensoriamento remoto : Aplicação : Metodogias : Tecnologia 621.3678

Todos os direitos reservados à OFICINA DE TEXTOS
Rua Cubatão, 798
CEP 04013-003   São Paulo-SP – Brasil
tel. (11) 3085 7933
site: www.ofitexto.com.br
e-mail: atend@ofitexto.com.br

A presente obra dos doutores Yosio Shimabukuro e Flávio Ponzoni expõe as bases teóricas e as aplicações da análise de mistura espectral, que representa um marco no processamento digital de imagens de sensoriamento remoto. Essa técnica inovadora permitiu adentrar no *pixel* e obter informações em uma escala de *subpixel* das frações de abundância dos materiais, constituindo um rompimento com as técnicas tradicionais. A leitura deste livro, didático e elucidativo, capacita o leitor nessa revolucionária técnica a partir da óptica de quem efetivamente contribuiu para a sua consolidação.

Prof. Dr. Osmar Abílio de Carvalho Júnior
Professor Titular da Universidade de Brasília (UnB)

Nas 128 páginas da obra, são incluídos capítulos que versam sobre a fundamentação teórica do modelo proposto, o significado dos produtos gerados pelo modelo, isto é, as imagens-fração, e exemplos de aplicações, notadamente no monitoramento do desmatamento por corte raso e corte seletivo na Amazônia. De fácil leitura, o livro contém várias ilustrações explicativas e esclarecedoras e é recomendado tanto para profissionais como para estudantes de graduação e pós-graduação interessados na geração, no processamento ou na análise de dados de sensoriamento remoto.

Edson Eyji Sano
Pesquisador da Embrapa Cerrados

[...] fica bastante evidente a significante contribuição desta obra para a área de sensoriamento remoto. Torna-se também oportuno enfatizar que o tratamento dado ao tema é bastante compreensível, com ilustrações apropriadas e bem organizadas, que por certo os leitores acharão úteis.

Prof. Dr. Carlos Antonio Oliveira Vieira
Professor-Associado da Universidade Federal de Santa Catarina (UFSC)

É uma contribuição enorme para o desenvolvimento do sensoriamento remoto, dada a escassez de literatura em português em um contexto crescente de utilização de dados de sensores, nos mais diversos níveis, por uma comunidade cada vez maior. [...] É bem ilustrado, com exemplos bem colocados e detalhadamente explicados. Em suma, é um livro essencial para qualquer biblioteca, seja individual, seja coletiva.

Rubens Lamparelli
Professor do Núcleo Interdisciplinar de Planejamento Energético da Universidade Estadual de Campinas (Unicamp)

As versões integrais das resenhas podem ser encontradas na página do livro no site da editora

Apresentação

Antes de introduzir o livro *Mistura espectral: modelo linear e aplicações*, há muito necessário, sinto-me impulsionado a falar dos autores e de minha relação com eles. Ambos são da maior integridade pessoal e intelectual, pioneiros na implantação do sensoriamento remoto no Brasil, e possuem formação acadêmica sólida, em instituições de renome internacional. Tive o privilégio de ter sido orientador de mestrado do primeiro autor, Yosio Shimabukuro, e de ter contratado o segundo autor, Flávio Ponzoni, para o Departamento de Sensoriamento Remoto do Instituto Nacional de Pesquisas Espaciais (Inpe). Convivi com ambos na maior parte de minha vida profissional, na condição de colega de trabalho e de pesquisa científica. Acompanhei seu crescimento profissional e tive a satisfação de constatar que superaram em muito aquele que um dia poderia ter sido considerado seu mestre. Publicaram vários livros e capítulos de livros em editoras de prestígio, além de vários artigos científicos de impacto internacional, o que elevou o primeiro autor ao nível de Pesquisador 1A do Conselho Nacional de Desenvolvimento Científico e Tecnológico (CNPq), considerado o reconhecimento mais alto de um pesquisador por essa instituição.

A experiência dos autores inclui o desenvolvimento de vários modelos para a aplicação do sensoriamento remoto com base em princípios físicos, visando aplicações relevantes para o conhecimento e o monitoramento dos recursos terrestres. Agora eles nos presenteiam com esta obra, que descreve em detalhe um modelo que permite transformar a mistura espectral – antes um problema para a interpretação dos dados de sensoriamento remoto – em informação útil para o usuário. O livro possibilita ainda aos leitores navegar pelos fundamentos do sensoriamento remoto desde sua origem. Nele são descritos os principais satélites, sensores e índices utilizados na interpretação de imagens. Também são abordados projetos operacionais de sensoriamento remoto, assim como os princípios físicos, as bases cartográficas, as características e os formatos de imagens, para focar em detalhe o modelo linear de mistura espectral.

O livro apresenta o histórico do sensoriamento remoto desde o uso de fotografias aéreas até conceitos modernos de extração de informação que exploram as diversas resoluções das imagens, com ênfase no conceito de mistura espectral e em como decompor essa mistura em suas diversas frações. Enfatiza, de forma didática, as aplicações desse modelo em grandes projetos, especialmente na Amazônia, onde a dinâmica de transformação do uso da terra é intensa. Assim, são apresentados os projetos Prodes, Deter, Panamazonia e Amazonica, para a estimativa de desflorestamento e de queimadas, baseados em diversas resoluções espaciais e temporais de imagens e exibidos em diferentes escalas.

Ao focarem o tema principal do livro, que é a decomposição dos elementos de imagens em componentes biofísicos, como vegetação, solo e água/sombra, familiar a todo pesquisador, os autores apresentam diferentes abordagens matemáticas e justificam as vantagens do modelo linear detalhadamente descrito. Eles têm larga experiência na implementação e na aplicação desse modelo, uma vez que o autor principal desenvolveu o modelo linear de mistura para os sensores MSS e TM do satélite Landsat, em 1987, em seu programa de doutorado na Universidade do Colorado (EUA).

São discutidas as dificuldades que o usuário tem de trabalhar com o número digital ou o nível de cinza das imagens, e o efeito da atmosfera na caracterização dos parâmetros geofísicos ou biofísicos dos objetos de interesse.

Ao conceituarem o modelo de mistura, os autores descrevem como ele pode ser implementado nos principais sistemas de análise de imagens, como o Spring, o Envi e o PCI. A descrição se assemelha a um manual de operação, com exemplos de imagens-fração de cenas reais. São enfatizadas as vantagens das imagens-fração, como a facilidade de interpretação em comparação com a análise de níveis de cinza, que, para fazer sentido para o usuário, exige o conhecimento de todo o processo de aquisição e processamento das imagens. Também se mostra como o modelo pode ser usado para reduzir a dimensão dos dados, por exemplo, transformando dados de diversas bandas de um sensor em três frações (vegetação, solo e água/sombra).

O livro progride com a descrição genérica dos principais sensores/plataformas de observação da terra e encerra com a descrição detalhada de como os produtos derivados do modelo de mistura são usados na cadeia de análise de projetos operacionais do Inpe, que inclui segmentação de imagens-fração, classificação, edição matricial e mosaicagem para apresentação em diversas escalas para divulgação dos resultados. A contribuição das imagens-fração foi fundamental para a automatização desses projetos. Elas provaram também sua utilização no mapeamento de queimadas e no monitoramento de corte seletivo usando o Landsat em Mato Grosso.

Tenho confiança de que este livro é uma contribuição relevante para a ciência e as aplicações do sensoriamento remoto.

Getulio Teixeira Batista

Lista de Siglas e Abreviaturas

AML – Amazônia Legal

AVHRR – Advanced Very High Resolution Radiometer

Basa – Banco da Amazônia

CLS – *Constrained least squares* (mínimos quadrados com restrição)

Deter – Detecção de Desmatamento em Tempo Real

EIFOV – *Effective instantaneous field of view*

Endmember – Componente puro

Envi – Image Analysis Software

EOS – Earth Observing System

ETM+ – Enhanced Thematic Mapper Plus

EVI – *Enhanced vegetation index*

FOV – *Field of view*

HDF – *Hierarchical data format*

HRV – High Resolution Visible

Hyperion – *Hyperspectral instrument* (sensor hiperespectral)

Ibama – Instituto Brasileiro do Meio Ambiente e dos Recursos Naturais Renováveis

IFOV – *Instantaneous field of view*

Inpe – Instituto Nacional de Pesquisas Espaciais

Isoseg – Classificador não supervisionado

JPSS – Joint Polar Satellite System

MIR – *Mid-infrared* (infravermelho médio)

MLME – Modelo linear de mistura espectral

MOD09 – Modis *surface-reflectance product* (produto de refletância de superfície)

Modis – Moderate-resolution Imaging Spectroradiometer

MSS – Multispectral Scanner System

MTF – Função de transferência de modulação

ND – Número digital

NDVI – *Normalized difference vegetation index* (índice de vegetação por diferença normalizada)

NIR – *Near-infrared* (infravermelho próximo)

NOAA – National Oceanic and Atmospheric Administration

OLI – Operational Land Imager

PCA – *Principal component analysis* (análise de componentes principais)

PCI – Pacote de processamento digital de imagens

Pixel – *Picture element* (elemento de resolução)

Prodes – Monitoramento da Floresta Amazônica Brasileira por Satélite

RBV – Return Beam Vidicon

RGB – Red Green Blue (*additive color model*) (composição colorida Vermelho, Verde e Azul)

Savi – *Soil-adjusted vegetation index*

SIG – Sistema de Informação Geográfica

Spot – Satellite pour l'Observation de la Terre

Spot Vegetation – Spot Vegetação

Spring – Sistema de Processamento de Informações Georreferenciadas

Sudam – Superintendência do Desenvolvimento da Amazônia

Suomi NPP – Suomi National Polar-orbiting Partnership

TM – Thematic Mapper

TOA – *Top of atmosphere*

UTM – Universal Transverse Mercator (Projeção Transversa de Mercator)

VIIRS – Visible Infrared Imaging Radiometer Suite

WGS84 – World Geodetic Survey 1984

WLS – *Weighted least squares* (mínimos quadrados ponderado)

Sumário

Introdução 15

1 Fundamentação 19
   1.1 Problema de misturas no *pixel* 26

2 A origem dos números digitais (NDs) 31

3 Sensores orbitais 43
   3.1 Modis 44
   3.2 *Spot Vegetation* 46
   3.3 Landsat MSS, TM, ETM+, OLI 48
   3.4 Hyperion 49

4 Modelo linear de mistura espectral 53
   4.1 Algoritmos matemáticos 58
   4.2 Escolha dos *endmembers* 74

5 Imagens-fração 77
   5.1 Imagens de erro 84

6 Aplicação de imagens-fração 89
   6.1 Monitoramento de desmatamento 89
   6.2 Mapeamento de áreas queimadas 103
   6.3 Detecção de corte seletivo 107
   6.4 Mapeamento do uso e da cobertura da terra 107

7 Considerações finais 111

Literatura citada 117
Literatura recomendada 123

As figuras com o símbolo ◨ são apresentadas em versão colorida entre as páginas 113 e 115.

Introdução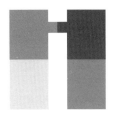

A evolução das técnicas de sensoriamento remoto foi marcada por basicamente três momentos. O primeiro deles se deu com o aprimoramento da fotografia, que possibilitou o desenvolvimento das técnicas de fotointerpretação e da fotogrametria. O segundo surgiu praticamente como uma extensão dessas duas formas de extração de informação, agora aplicadas às imagens geradas por sensores eletro-ópticos colocados a bordo de plataformas orbitais (satélites). Inicialmente, as aplicações exploravam abordagens similares àquelas empregadas na extração de informação a partir das fotografias. Posteriormente, motivado pelas então recentes discussões sobre mudanças climáticas e pela consequente necessidade de prover dados sobre emissões de gases de efeito estufa e de outros contribuintes ao aquecimento global, seguiu-se o terceiro momento, caracterizado por aplicações mais voltadas à quantificação de parâmetros geofísicos e biofísicos.

O programa norte-americano Landsat talvez seja um dos mais bem-sucedidos programas espaciais dedicados à observação da Terra. Ele é constituído por uma série de sensores dotados com média resolução espacial, atuantes em faixas espectrais largas e estrategicamente posicionadas no espectro eletromagnético de forma a permitir a aquisição de dados que garantam mínima redundância e em periodicidade (resolução temporal) compatível com os fenômenos relacionados às mudanças do uso e da ocupação da superfície terrestre.

Os satélites do programa Landsat, iniciado em 1972 e que até hoje tem continuidade, coletam dados em diferentes regiões do

16 Mistura espectral

espectro eletromagnético usando diferentes sensores: Multispectral Scanner System (MSS) e Return Beam Vidicon (RBV), que estavam a bordo dos satélites Landsat 1, 2 e 3; MSS e Thematic Mapper (TM), a bordo dos Landsat 4 e 5; Enhanced Thematic Mapper Plus (ETM+), a bordo do Landsat 7; e Operational Land Imager (OLI), a bordo do Landsat 8. Esses dados são retransmitidos para estações receptoras terrestres e transformados em imagens digitalmente codificadas armazenadas em computadores.

As imagens digitais são originalmente representadas por números digitais (NDs) sem dimensão. Esses números são definidos em cada elemento de resolução espacial – corriqueiramente denominado *pixel*, que é um termo originado da junção das palavras inglesas *picture* e *element* – segundo a intensidade do fluxo radiante de energia eletromagnética (radiância) que incide sobre um detector dentro do sensor, o qual converte essa intensidade em um sinal elétrico que, por sua vez, é convertido em um ND proporcional a esse sinal elétrico. Considerando que esse fluxo de energia eletromagnética é oriundo de uma porção da superfície terrestre com dimensões preestabelecidas, o ND resultante representa de fato uma medida proporcional à radiância "média" de todos os objetos inseridos dentro dessa porção. Vale lembrar que esse processo se dá em faixas espectrais específicas e de forma independente. Dependendo do sistema sensor e da altitude do satélite, a resolução espacial da imagem varia, uma vez que as dimensões dessa porção de superfície observada (*pixel*) variam. Por exemplo, as resoluções espaciais do sensor MSS e do sensor TM são de aproximadamente 0,45 ha (57 m × 79 m) e 0,10 ha (30 m × 30 m), respectivamente, na superfície da Terra.

Um fenômeno importante a levar em conta é o fato de que a radiância que dará origem a um ND é uma soma integrada das radiâncias de todos os objetos ou materiais contidos dentro do campo de visada instantâneo (*instantaneous field of view* – IFOV) do sensor (que em última análise dará origem ao *pixel*). Desse modo, a radiância efetivamente detectada pelo sensor será explicada pela mistura espectral dos vários materiais existentes "dentro" do *pixel*, adicionada ainda a contribuição atmosférica. Assim sendo, o sinal registrado pelo sensor não representará a composição físico-química de um objeto exclusivamente. Esse fenômeno de *mistura espectral* tem sido levado em consideração por alguns investigadores, como Horwitz et al. (1971), Detchmendy e Pace (1972) e Shimabukuro (1987). Em geral, o problema surge quando se tenta classificar corretamente um *pixel* que contém uma mistura de materiais na superfície da Terra, como solo, vegetação, rochas e água, entre outros. A não uniformidade da maioria dos cenários naturais geralmente resulta em um grande número de componentes na mistura. O problema se complica mais ainda pelo fato de que a proporção de materiais específicos contidos "dentro" de um *pixel* pode variar de *pixel* para *pixel*, gerando diferentes graus de ambiguidade no momento da extração de informações.

A mistura espectral se torna mais crítica na aplicação de técnicas de processamento digital de imagens do que na interpretação visual de imagens elaborada por intérpretes treinados, que em seu trabalho se fundamentam nos chamados *elementos da fotointerpretação*, quais sejam: cor, tonalidade, textura, tamanho relativo, forma, contexto etc. Já as técnicas de processamento digital se baseiam predominantemente nas características radiométricas/espectrais dos *pixels*, limitando-se a: (1) identificar o elemento de resolução como um *pixel* puro quando, de fato, ele pode conter uma pequena porcentagem do material puro, ou (2) não classificar o *pixel*. O problema de mistura espectral está relacionado com o problema da extração de assinaturas espectrais ou da caracterização espectral de objetos. Para minimizar os problemas causados pela mistura espectral, é necessário ter melhor entendimento dos efeitos das misturas em nível de *pixel*.

Neste livro serão apresentados os conceitos básicos que explicam a mistura espectral, bem como o desenvolvimento de métodos que têm como objetivo viabilizar sua aplicação na solução de diferentes estudos envolvendo a aplicação das técnicas de sensoriamento

18 MISTURA ESPECTRAL

remoto. Será visto que aspectos importantes desses métodos levam em conta a caracterização espectral dos diferentes objetos que compõem a mistura espectral e que, por meio dessa caracterização, é possível quantificar as proporções de cada objeto componente da mistura contido "dentro" de um *pixel*. Como resultado da aplicação desses métodos, são geradas as chamadas *imagens-fração*, cujos NDs que as compõem representam as proporções (ou percentagens) correspondentes a cada um dos objetos existentes na mistura.

Pensando no sensoriamento remoto ambiental ou dos recursos naturais terrestres, de maneira geral, a mistura espectral no *pixel* é formada pelos componentes básicos, como solo, vegetação e sombra/água, e então, após a solução da mistura espectral, têm-se como resultado as imagens-fração solo, vegetação e sombra/água. Essas imagens-fração têm sido utilizadas em várias áreas de pesquisa, como aquelas dedicadas aos recursos florestais, à agricultura, aos estudos urbanos, à avaliação de áreas inundadas etc.

Imagens-fração têm sido empregadas em diversos estudos em diferentes áreas de aplicação. Além disso, essas imagens têm sido adotadas nos projetos operacionais de estimativa de áreas desflorestadas da Amazônia Legal (Prodes), na detecção de áreas desflorestadas em tempo real (Deter), também na Amazônia Legal, e em outros projetos, como o Panamazonia II e o Amazonica, para a estimativa de áreas queimadas na região amazônica. Como se sabe, esses projetos analisam uma grande extensão do terreno por meio de imagens multiespectrais com alta frequência temporal. Dessa maneira, fica clara a importância das imagens-fração, que reduzem o volume de dados, realçando as informações requeridas por esses projetos.

O objetivo deste livro é oferecer aos usuários das técnicas de sensoriamento remoto uma oportunidade não só de conhecer os principais aspectos da mistura espectral, mas também de perceber como algo que aparentemente se apresenta como um problema ou limitação pode ser explorado como uma poderosa ferramenta na extração de informações a partir de produtos de sensoriamento remoto.

Fundamentação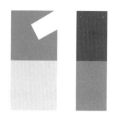

Antes de aprofundar a fundamentação da mistura espectral, é preciso compreender as origens de todo o pensamento que norteou seu emprego em favor da solução de diferentes problemas na aplicação das técnicas de sensoriamento remoto. É necessário, por exemplo, conhecer detalhes sobre como efetivamente a intensidade da radiação eletromagnética refletida por uma determinada porção da superfície da Terra é registrada por um sensor, mas, antes disso, serão abordadas as origens dos chamados *modelos de mistura espectral*.

Desde o início da aplicação das técnicas de sensoriamento remoto, sobretudo quando da disponibilização de imagens orbitais, segundo alguns pesquisadores, a utilidade limitada de dados multiespectrais decorria, em parte, daquilo que denominaram *problema de misturas*, que ocorre no fluxo radiante refletido por uma determinada porção da superfície da Terra e que é instantaneamente "visualizado" por um sensor. Mais tarde serão definidos e descritos adequadamente os termos técnicos que são aplicados à intensidade desse fluxo e a essa porção instantaneamente visualizada por um sensor. No entanto, por ora, considere-se o seguinte: um sensor é capaz de medir a intensidade do fluxo radiante (de energia eletromagnética) de porções da superfície da Terra com dimensões definidas. Normalmente essas dimensões são consideradas "quadradas" e representadas por quantidades métricas, como 20 m × 20 m, 80 m × 80 m, 250 m × 250 m e assim por diante. De modo corriqueiro, chama-se essa porção instantaneamente observada por um sensor de *pixel*. Esse termo se origina da junção de duas palavras do idioma inglês: *picture* e *element*.

20 MISTURA ESPECTRAL

A mistura sobre a qual se está tratando tem a ver com os diferentes materiais ou objetos contidos "dentro" do *pixel* no momento da medição da intensidade do fluxo radiante por parte de um sensor. Essa expressão, "dentro do *pixel*", que frequentemente tem sido utilizada neste livro, assume tom coloquial, já que, a rigor, não há objetos "dentro" de um *pixel*. Está sendo feito referência, então, de maneira bem simplificada, a uma situação na qual diferentes objetos são instantaneamente visualizados dentro de uma porção imaginária do terreno que tem dimensões bem definidas. Sabe-se que o fluxo de radiação originado pela reflexão da radiação eletromagnética incidente é, em verdade, uma mistura de diferentes fluxos de radiação que originará uma única medida de intensidade em cada diferente região espectral na qual o sensor é capaz de atuar.

Dessa forma, e procurando conferir agilidade às explanações, frequentemente será utilizada a expressão "dentro do *pixel*", mas a interpretação do seu significado deve passar pela explicação dada.

Esse conceito de mistura espectral foi discutido por Horwitz et al. (1971), Detchmendy e Pace (1972), Ranson (1975) e Heimes (1977), entre outros. Ela pode ocorrer em dois casos:

- Quando os materiais (ou objetos) são menores do que o *pixel*. Nesse caso, o fluxo de radiação detectado pelo sensor é composto de uma mistura de radiação de todos os materiais dentro do *pixel*.
- Quando o *pixel* se sobrepõe à fronteira entre dois ou mais materiais ou objetos maiores do que ele.

Em ambos os casos, os sinais registrados pelo sensor não são representativos de qualquer um dos materiais presentes. A representação idealizada do problema de mistura para ambos os casos é ilustrada na Fig. 1.1, que mostra os objetos dispersos na superfície terrestre delineados por linhas contínuas e os *pixels* no terreno delineados por linhas tracejadas.

A Fig. 1.2 representa esquematicamente o problema de mistura para imagens geradas por três sensores com resoluções espaciais

1 Fundamentação 21

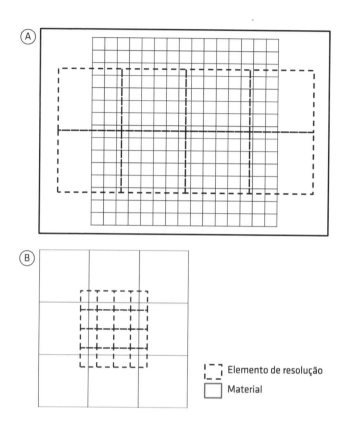

Fig. 1.1 Problemas de mistura (A) causados por objetos menores do que o elemento de resolução (pixel) e (B) nos limites (fronteiras) dos materiais
Fonte: Shimabukuro (1987).

diferentes e cinco classes de cobertura (materiais ou objetos) no terreno (a, b, c, d e e). O sensor 3 apresenta resolução espacial igual a a, o sensor 2, resolução espacial igual a 2a, e o sensor 1, resolução espacial igual a 4a – isto é, por exemplo, 10 m, 20 m e 40 m, respectivamente. Dessa maneira, é possível observar que o sensor 1 (resolução espacial menor) não apresenta nenhum *pixel* com conteúdo único (puro), o sensor 2 apresenta cinco *pixels* puros (um da classe *b*, dois da classe *d* e dois da classe *e*) e o sensor 3 apresenta

36 *pixels* puros (oito da classe *a*, seis da classe *b*, 12 da classe *d*, dez da classe *e* e nenhum da classe *c*).

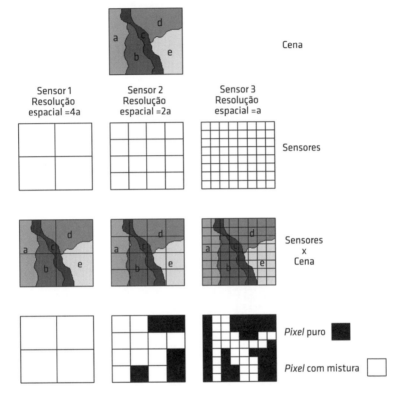

Fig. 1.2 Mistura para três sensores com resoluções espaciais diferentes e quatro classes de cobertura no terreno
Fonte: Piromal (2006).

Os *pixels* pintados de preto na Fig. 1.2 representam aqueles ocupados por apenas uma das classes de cobertura no terreno, ao passo que os demais se referem àqueles que apresentam mistura de classes em diferentes proporções. É fácil concluir que, quanto menor a resolução espacial de um sensor – isto é, quanto maiores as dimensões de um *pixel* –, menores também as chances de encontrar *pixels* puros.

A Fig. 1.3 mostra um exemplo real para a região de Manaus (AM). Conforme se pode observar, os pixels do sensor AVHRR/NOAA (Advanced Very High Resolution Radiometer/National Oceanic and Atmospheric Administration) (1,1 km × 1,1 km) representados pela grade sobre uma imagem do sensor TM/Landsat 5 são compostos de mistura de água, de solo e de vegetação. É possível notar ainda que, apesar da resolução espacial mais grosseira do sensor AVHRR em relação àquela do TM/Landsat 5, existem pixels puros de água devido à larga extensão do Rio Negro.

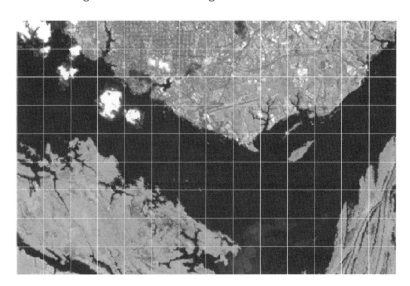

Fig. 1.3 Imagem TM/Landsat 5 (R5 G4 B3) da região de Manaus (AM) e uma grade correspondente ao tamanho dos pixels do AVHRR (1,1 km × 1,1 km)

Assim, diz-se que as características espectrais dos pixels de sensores como o AVHRR/NOAA (cerca de 120 ha), o Modis/Terra (6,25 ha), o MSS/Landsat 4 (aproximadamente 0,45 ha) e o TM/Landsat 5 (cerca de 0,10 ha) na superfície da Terra podem ser afetadas por um dos fenômenos descritos anteriormente ou por ambos.

Para melhor compreender a mistura espectral em um *pixel*, pode-se imaginar um gráfico de dispersão semelhante ao apresentado na Fig. 1.4.

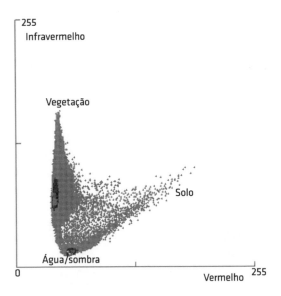

Fig. 1.4 Dispersão dos *pixels* de uma imagem no gráfico formado pelas bandas do vermelho e do infravermelho próximo

Nessa figura, o gráfico é composto, em X, de NDs (cuja origem será descrita mais adiante) referentes a uma imagem orbital gerada na faixa espectral do vermelho, e em Y, de NDs gerados na faixa espectral do infravermelho próximo. Para essas duas faixas espectrais e considerando as propriedades espectrais dos principais recursos naturais (água, solo e vegetação), o posicionamento esperado desses recursos nesse gráfico de dispersão seria: os *pixels* ocupados por água e/ou sombra posicionados mais próximos à origem do gráfico, os *pixels* ocupados por solo exposto posicionados mais distantes da origem tanto em X quanto em Y, e, finalmente, os *pixels* ocupados por vegetação posicionados próximos a Y, mas distantes de X.

1 Fundamentação 25

Considera-se então que os *pixels* posicionados nos extremos da figura triangular formada nesse gráfico de dispersão são ocupados por elementos ou objetos puros, ou seja, integralmente ocupados por apenas um dos recursos naturais em questão. Assim, no extremo superior, encontram-se *pixels* ocupados em sua totalidade (em toda a sua área, ou em 100%) apenas por vegetação, ao passo que aqueles posicionados no extremo direito são ocupados em sua totalidade por solo exposto.

Cabe então a pergunta: pelo que são ocupados os *pixels* que estão no centro dessa figura formada pela dispersão dos NDs das duas imagens? A resposta seria: por proporções iguais dos três recursos naturais, ou seja, 33% de água, 33% de vegetação e 33% de solo exposto. Imaginando "um caminhar" pelos lados dessa figura que partisse, por exemplo, de seu extremo superior, ocupado por *pixels* puros de vegetação, em direção à origem do gráfico, aos poucos os *pixels* ganhariam proporções de água ou sombra em sua composição até se chegar a *pixels* puros de água ou sombra. Modificando a direção dessa trajetória para o extremo direito, no lugar desses *pixels* puros de água ou sombra, aos poucos seriam encontrados *pixels* com maiores proporções de solo até se chegar a *pixels* puros ocupados por solo exposto. De maneira similar, pode--se dizer que os *pixels* no interior dessa distribuição no gráfico são formados por diversas proporções desses objetos puros.

O problema de mistura foi primeiramente considerado e equacionado na década de 1970 por Horwitz et al. (1971), que desenvolveram uma técnica para estimar as proporções de diferentes tipos de cobertura da terra. No entanto, ela não foi realmente utilizada em sensoriamento remoto até meados da década de 1980 (Smith; Johnson; Adams, 1985; Adams; Smith; Johnson, 1986; Shimabukuro, 1987). Desde então, o interesse em mistura espectral (linear e não linear) aumentou muito e vários métodos e aplicações foram desenvolvidos para diversas áreas de estudo (Boardman, 1989; Roberts; Smith; Adams, 1993; Atkinson; Cutler; Lewis, 1997; Bastin, 1997; Foody et al., 1997; Novo; Shimabukuro, 1994; Shimabukuro et al., 1998; Rosin, 2001; García-Haro; Sommner; Kemper, 2005; Alcântara et al., 2009). Toda essa conceituação pode ser resolvida matematicamente. Para tanto, duas abordagens têm sido adotadas:

- abordagem de mínimos quadrados;
- estimativa de parâmetros usando uma abordagem de máxima verossimilhança.

1.1 PROBLEMA DE MISTURAS NO *PIXEL*

As primeiras aplicações de modelos de mistura visavam solucionar o problema de estimativa de áreas pelos métodos convencionais de classificação digital. Outra forma encontrada na literatura de utilizar os modelos de mistura espectral são as aplicações que envolvem imagens derivadas das proporções dos materiais que formam a cena, que são o foco deste livro.

O problema de misturas é muito crítico para a classificação de temas variados referentes à cobertura da terra, limitando de alguma forma a acurácia de classificação. Erros de classificação podem ocorrer quando uma área vista por um sensor multiespectral contém dois ou mais temas ou classes de cobertura, o que produz uma resposta espectral não correspondente às características de uma dessas classes (Ranson, 1975).

Duas abordagens gerais têm sido tomadas ao tratar do problema de misturas:

- a técnica de classificação;
- tentativas para modelar as relações entre os tipos e proporções de uma classe dentro de um elemento de resolução e a resposta espectral dessa classe (Heimes, 1977).

Na primeira abordagem, podem ocorrer duas situações:

- classificação de um elemento de resolução como uma única classe usando alguma função de decisão;
- não classificação dos elementos de resolução que não têm resposta característica de uma classe individual, ou seja,

1 Fundamentação   27

deixar esses elementos como não classificados (Heimes, 1977).

A segunda abordagem de modelagem é mais complexa, no sentido de que tenta explicar os efeitos dos tipos e das proporções das classes dentro de um elemento de resolução (*pixel*) relacionadas com a sua característica espectral. Pearson (1973) e Ranson (1975) apresentaram a abordagem de mínimos quadrados simples e algumas considerações para aplicações práticas. Ranson (1975) simulou as características espectrais ou a resposta espectral de misturas específicas de diferentes objetos, a fim de reduzir os efeitos do problema de mistura em classificações digitais. Heimes (1977) avaliou a aplicabilidade da abordagem de mínimos quadrados (Pace; Detchmendy, 1973) usando um conjunto de dados bem definido. No trabalho de Heimes (1977), as observações e as proporções foram obtidas pela aquisição simultânea de dados de radiômetro e registro fotográfico da cena.

Adams e Adams (1984) discutiram o problema de separar as respostas espectrais de vegetação das de rocha/solos quando esses materiais estão presentes em um *pixel*. O objetivo era extrair informações sobre rocha/solos de *pixels* que continham misturas de rocha/solos e vegetação. A abordagem utilizada pelos autores baseia-se na aplicação do modelo linear apresentado por Singer e McCord (1979). Os autores concluíram que o uso desse modelo foi bem-sucedido em duas cenas Landsat: uma imagem MSS obtida numa área no Havaí e outra imagem TM obtida sobre as montanhas de Tucson, no Arizona (EUA).

Adams, Smith e Johnson (1986) discutiram a modelagem de mistura espectral aplicada a uma imagem do sensor Viking Lander 1, que foi um dos primeiros sensores enviados a Marte. A hipótese básica era de que o principal fator da variação espectral observado na imagem Viking Lander 1 era resultado da mistura linear dos materiais presentes na superfície e na sombra. Se essa hipótese é válida, então um número limitado de misturas de espectros de objetos presentes na cena (aqueles que representam os principais constituintes na imagem) pode determinar todos os outros espectros dos demais objetos da imagem, independentemente da calibração instrumental ou dos efeitos atmosféricos.

Ustin et al. (1986), estudando a aplicabilidade de dados do sensor TM/Landsat 5 para a vegetação da região semiárida, usaram o modelo de mistura espectral (Adams; Adams, 1984; Adams; Smith; Johnson, 1986). Nesse estudo, os autores identificaram quatro assinaturas espectrais de objetos presentes na cena, e então essas assinaturas foram misturadas de modo aditivo até o melhor ajuste para estimar a resposta dos demais objetos, trabalhando *pixel* a *pixel*. Os objetos definidos para esse estudo foram: solo claro, solo escuro, vegetação e sombra representando variações topográficas.

Quando se trabalha com modelos de mistura espectral, esses objetos de interesse tomados como base para estimar as respostas dos demais frequentemente são chamados de *endmembers*.

Na década de 1980, durante o seu curso de doutorado nos Estados Unidos, Shimabukuro (1987) desenvolveu e implementou o *modelo linear de mistura espectral* aplicado a dados orbitais (MSS e TM).

No final dessa década e no início da década de 1990, com o avanço da tecnologia na área de informática, os modelos de mistura espectral começaram a ser implementados em sistemas de processamento de imagens, como o Sistema de Tratamento de Imagens (Sitim) e, posteriormente, o Sistema de Processamento de Informações Georreferenciadas (Spring), desenvolvidos no Instituto Nacional de Pesquisas Espaciais (Inpe). Posteriormente, modelos semelhantes foram ficando disponíveis em sistemas comerciais de processamento de imagens. Com a disponibilidade desses modelos, cresceu o número de pesquisadores e estudantes de pós-graduação que passaram a explorar essa área de pesquisa.

Dessa maneira, o *modelo linear de mistura espectral* tem sido utilizado em vários trabalhos de pesquisa, e atualmente é uma ferramenta importante para operacionalizar os projetos de larga escala, como a estimativa e o monitoramento das áreas desflorestadas e queimadas da Amazônia Legal, na forma digital.

No entanto, antes de aprofundar os modelos em si, é preciso conhecer aspectos relevantes da origem dos NDs presentes em imagens multiespectrais.

A ORIGEM DOS NÚMEROS DIGITAIS (NDs)

Os números digitais (NDs) presentes em imagens orbitais ou mesmo naquelas geradas por sensores colocados a bordo de aeronaves são gerados segundo um princípio muito simples: a radiação eletromagnética refletida pela superfície da Terra e pelos objetos nela dispersos segue em direção ao sensor na forma de um fluxo com direção e intensidade. Essa intensidade recebe o nome de radiância e pode ser medida em diferentes faixas espectrais. Assim, um fluxo de radiação refletida pela superfície da Terra contém diferentes "tipos" de radiação eletromagnética, diferenciados em comprimentos de onda (segundo a concepção ondulatória), que, por sua vez, têm suas próprias intensidades, ou radiâncias. Depois de o fluxo de radiação interagir com a atmosfera durante sua trajetória da superfície ao sensor, sua intensidade é medida em faixas específicas de comprimentos de onda, de acordo com a capacidade de cada sensor. Essas intensidades são convertidas em sinais elétricos por detectores específicos que "sentem" a radiação em faixas espectrais específicas, e esses sinais elétricos são convertidos em NDs segundo critérios também específicos em cada faixa espectral. É possível então dizer que os NDs nas várias faixas espectrais caracterizam espectralmente os objetos no terreno. Isso representa o que se chama de *assinatura espectral* de alvos.

Os NDs são então valores numéricos proporcionais aos valores de radiância (intensidade) medidos em diferentes faixas espectrais. Sua relação com a radiância é direta. Assim, quanto maior for o valor da radiância (intensidade), maior será o valor do ND. As

32 MISTURA ESPECTRAL

amplitudes de variação dos NDs são dependentes do número de *bits* adotado na geração dos NDs. Esse número de *bits* em realidade é o expoente de base 2, de forma que, se *bits* = 8, então 2^8 = 256, ou seja, os NDs variarão de 0 a 255 (256 níveis de radiância ou de intensidade que podem ser discretizados). Se *bits* = 10, então 2^{10} = 1.024, ou seja, os NDs variarão de 0 a 1.023, e assim por diante. A amplitude dos NDs define a resolução radiométrica do sensor.

Mas como é estabelecida a relação entre a radiância efetivamente medida pelo sensor e os NDs? Essas relações são particulares para cada faixa espectral na qual o sensor foi desenhado a operar e normalmente são expressas por equações lineares. A Eq. 2.1 expressa uma relação linear entre a radiância efetivamente medida por um sensor e o ND:

$$ND_\lambda = L_{0\lambda}\, G_\lambda + \textit{offset}_\lambda \qquad (2.1)$$

em que:

ND_λ = valor do ND na faixa espectral λ;

$L_{0\lambda}$ = valor da radiância efetivamente medida pelo sensor na faixa espectral λ;

G_λ = coeficiente angular da equação linear, também denominado ganho, na faixa espectral λ;

$\textit{offset}_\lambda$ = valor do intercepto da equação linear, também chamado de *offset*, na faixa espectral λ.

Corriqueiramente $L_{0\lambda}$ recebe a designação de radiância aparente ou radiância no topo da atmosfera. Na literatura internacional, normalmente publicada no idioma inglês, essa radiância recebe a designação anacrônica TOA (*top of atmosphere*), então é comum encontrar o termo *TOA radiance*. Em português costuma-se adotar o termo *aparente* para dar a ideia de que a radiância efetivamente medida pelo sensor não se refere à intensidade de radiação refletida por uma superfície ou objeto, mas contém ainda informação da atmosfera ou esta retirou informação do fluxo de radiação incidente no sensor, dependendo da região espectral, já que o efeito da atmosfera sobre esse fluxo é seletivo e dependente do comprimento de onda. Alguns autores, como Chander et al. (2010), tratam a Eq. 2.1 de maneira diversa. O tratamento adotado por esses autores é particularmente interessante quando os responsáveis pela distribuição de informações sobre os sensores realizam-na mediante a divulgação do que chamam de L_{min} e L_{max}. Muitos usuários se confundem quando da apresentação dos coeficientes da reta, que nada mais são do que os coeficientes de calibração absoluta do sensor em cada faixa espectral na qual ele opera. L_{min} e L_{max} são, assim, as radiâncias mínima e máxima que o sensor é capaz de medir em uma determinada faixa espectral. Para facilitar sua compreensão, observe-se a Fig. 2.1.

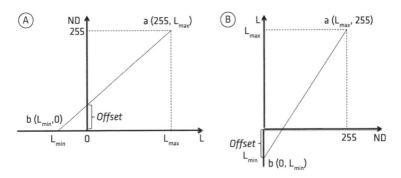

Fig. 2.1 Formas diferenciadas de tratar as relações entre $L_{0\lambda}$ e ND_λ

Nessa figura, é possível observar que há duas formas distintas de tratar a relação entre $L_{0\lambda}$ e ND_λ. No gráfico da Fig. 2.1A, tem-se ND_λ como função de $L_{0\lambda}$, que reflete o ponto de vista mais físico, ou seja, daquilo que de fato está acontecendo no momento da aquisição do dado dentro do sensor. No gráfico da Fig. 2.1B, tem-se uma visão mais do usuário do dado de sensoriamento remoto, sendo possível, com base nas imagens constituídas por NDs de que o usuário dispõe, localizar os valores de $L_{0\lambda}$ correspondentes.

É interessante observar que, na relação mostrada no gráfico da Fig. 2.1A, os valores de *offset* seriam representados por quantidades

34 MISTURA ESPECTRAL

de NDs, ao passo que, na relação mostrada no gráfico da Fig. 2.1B, os valores de *offset* seriam representados por unidades de radiância, que nesse caso específico seriam negativas. Isso explica os valores negativos de L_{min} apresentados por Chander, Markham e Barsi (2007) referentes às relações entre $L_{0\lambda}$ e ND_λ. Muitas vezes, pessoas pouco familiarizadas com as relações aqui descritas se perguntam como seria possível encontrar valores de $L_{0\lambda}$ negativos. Percebe-se agora que se trata de uma particularidade algébrica das relações entre as duas variáveis.

Chander et al. (2010), explorando a visão do usuário (relação entre $L_{0\lambda}$ e ND_λ como apresentada no gráfico da Fig. 2.1B), deduziram o cálculo de G_λ e *offset*$_\lambda$ conforme mostrado nas Eqs. 2.2 e 2.3.

$$G_\lambda = \frac{L_{max\lambda} - L_{min\lambda}}{ND_{max\lambda} - ND_{min\lambda}} \tag{2.2}$$

$$offset_\lambda = L_{min\lambda} - \left(\frac{L_{max\lambda} - L_{min\lambda}}{ND_{max\lambda} - ND_{min\lambda}} \right) ND_{min\lambda} \tag{2.3}$$

Dessa forma, tem-se:

$$L_{0\lambda} = \left(\frac{L_{max\lambda} - L_{min\lambda}}{ND_{max\lambda} - ND_{min\lambda}} \right)(ND_\lambda - ND_{min\lambda}) + L_{min\lambda} \tag{2.4}$$

ou

$$L_{0\lambda} = G_\lambda \, ND_\lambda + offset_\lambda \tag{2.5}$$

em que ND_λ se refere ao valor do ND da imagem na faixa espectral λ que se deseja converter em valor de radiância aparente.

Gilabert, Conese e Maselli (1994) apresentaram uma discussão didática sobre os diversos fatores influentes em $L_{0\lambda}$, os quais são representados esquematicamente na Fig. 2.2.

Nessa figura, os vetores representados pela letra E referem-se às diferentes intensidades de incidência da radiação eletromagnética provinda de uma fonte. Levando em conta que essa intensidade

2 A origem dos números digitais (NDs) 35

denomina-se irradiância e que a fonte, nesse caso, é o Sol, a principal fonte de radiação eletromagnética explorada em técnicas de sensoriamento remoto dos recursos naturais, tem-se $E_{0\lambda}$, que representa a irradiância solar no topo da atmosfera. Essa irradiância então inicia sua trajetória pela atmosfera em direção à superfície da Terra. Imaginando um alvo específico sobre essa superfície, tem-se que esse alvo recebe de fato fluxos diretos e difusos dessa radiação incidente. Cada um desses fluxos possui suas próprias intensidades, ou seja, suas próprias irradiâncias. Desse modo, $E_{b\lambda}$ representa a irradiância recebida diretamente pelo alvo, sem interferência da atmosfera, e $E_{d\lambda}$ representa a irradiância difusa recebida pelo alvo. Esse fluxo dito difuso interagiu com a atmosfera, foi espalhado e atingiu o alvo depois de ser espalhado. Esses dois fluxos, direto e difuso, interagem com o alvo e parte de ambos é refletida em direção ao espaço.

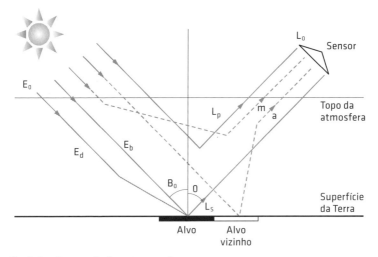

Fig. 2.2 Fatores influentes em $L_{0\lambda}$
Fonte: adaptado de Gilabert, Conese e Maselli (1994).

Outras frações de $E_{0\lambda}$ interagem com a atmosfera de forma direta e difusa e nem chegam a atingir o alvo, tendo sua trajetória

36 MISTURA ESPECTRAL

alterada de volta ao espaço, como representado por L_p e m. Ainda, outras frações de $E_{0\lambda}$ atingem diretamente alvos vizinhos àquele de que se tratou anteriormente, e seu fluxo de reflexão, na Fig. 2.2 representado por a, é também direcionado ao espaço.

Observando a Fig. 2.2, percebe-se que $L_{0\lambda}$ é fruto de processos diferenciados de interação da radiação eletromagnética incidente na superfície da Terra, nos quais participam a atmosfera e diferentes alvos ou objetos presentes em sua superfície. Dessa forma, justifica-se a aplicação do termo *aparente* a $L_{0\lambda}$, uma vez que ela não se refere à radiância de um alvo específico, mas apenas aparentemente a ele.

Os NDs contidos em imagens orbitais, ou mesmo geradas por sensores aerotransportados, são então correlacionados a valores de $L_{0\lambda}$ e, portanto, não podem ser diretamente associados às características espectrais dos alvos de que se pretende extrair alguma informação. A caracterização espectral de alvos mediante o emprego de imagens orbitais depende da conversão dos NDs em valores de variáveis que se refiram exclusivamente às suas propriedades espectrais, e não à interferência da atmosfera e de alvos vizinhos àqueles de que se pretende extrair informação.

É importante destacar que a conversão de $L_{0\lambda}$ em ND_λ é feita em cada faixa espectral na qual o sensor foi desenhado a atuar. Isso significa que a tradução de $L_{0\lambda}$ para ND_λ é realizada de forma particular e atendendo a critérios específicos em cada faixa. Desse modo, um mesmo valor de ND encontrado em duas ou mais imagens de faixas espectrais diferentes pode não representar o mesmo valor de $L_{0\lambda}$ efetivamente medido pelo sensor. Nesse caso fictício, um objeto que deveria apresentar diferenças de níveis de brilho em faixas espectrais diferentes irá aparecer com o mesmo valor de ND, distorcendo então sua caracterização espectral.

Conclui-se, portanto, que valores de ND dispostos em imagens de diferentes faixas espectrais não servem para caracterizar espectralmente objetos e tampouco se prestam para a realização de

2 A origem dos números digitais (NDs)   37

operações aritméticas entre imagens de faixas espectrais distintas com o objetivo de associar o resultado com algum parâmetro geofísico ou biofísico do objeto de interesse. Isso não significa que operações aritméticas entre NDs de imagens geradas em faixas espectrais diferentes não possam ser efetuadas. Tudo depende do objetivo que se pretende atingir. Quando, por exemplo, se pretende apenas realçar objetos ou facilitar algum processo de classificação (abordagem qualitativa) que permita identificar objetos como normalmente se faz em trabalhos de mapeamento, tais operações aritméticas são viáveis. O problema surge quando do interesse de explorar as diferenças espectrais de objetos segundo suas propriedades espectrais, pois estas não estarão representadas pelos NDs.

Os valores de G_λ, *offset*$_\lambda$, $L_{min\lambda}$ e $L_{max\lambda}$ são e devem ser disponibilizados pelos responsáveis pela geração ou pela distribuição dos dados do sensor. Isso normalmente é feito na forma de metadados contidos em arquivos específicos quando se acessam as imagens ou quando elas são adquiridas em formato digital. Algumas agências informam esses dados em páginas específicas da internet. Evidentemente a nomenclatura adotada para esses coeficientes é bastante variável, cabendo ao usuário reconhecê-la com cautela e paciência.

Na discussão apresentada por Gilabert, Conese e Maselli (1994) a respeito dos fatores influentes sobre a radiância $L_{0\lambda}$, ilustrada na Fig. 2.2, foram desconsiderados outros aspectos relacionados à engenharia adotada pelo sensor que efetivamente registrará os valores de $L_{0\lambda}$. É preciso considerar que o fluxo de radiação que originará $L_{0\lambda}$ e, consequentemente, seus respectivos valores de ND_λ tem origem em um elemento de resolução espacial (*pixel*) cujas dimensões são preestabelecidas.

O preestabelecimento das dimensões é dependente da concepção de engenharia do sensor. A Fig. 2.3 apresenta uma representação esquemática dos participantes geométricos da definição dessas dimensões.

Fig. 2.3 Representação esquemática dos participantes geométricos que definem a resolução espacial de um sensor
Fonte: Slater (1980).

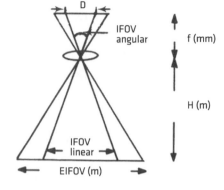

Nessa figura, D se refere às dimensões do detector, IFOV (*instantaneous field of view*) angular é a representação angular que define a superfície da qual o valor de $L_{0\lambda}$ é medido sobre o detector, f e H são respectivamente a distância focal do sensor e a altitude de voo, IFOV linear é a dimensão linear projetada da dimensão do detector D sobre o terreno, e EIFOV (*effective instantaneous field of view*) é a dimensão efetiva do elemento de resolução espacial da qual a radiância $L_{0\lambda}$ é medida.

Pelo esquema apresentado nessa figura, pode-se concluir que a porção do terreno da qual efetivamente se origina o fluxo radiante cuja intensidade $L_{0\lambda}$ será medida é frequentemente maior do que aquela oriunda da projeção de D no terreno. Vale então dizer que, quando se está trabalhando com dados de um sensor cuja resolução espacial nominal é de 30 m (30 m × 30 m, nas direções X e Y), efetivamente ela deve ser menor do que isso, ou seja, cada elemento de resolução espacial deve ter dimensões maiores do que 30 m.

Slater (1980) chama a atenção para esse fato, destacando que não se deveria assumir IFOV, EIFOV e *pixel* como sinônimos, já que este último é apenas um elemento existente em uma matriz numérica no qual é colocado um ND específico.

Quanto maiores forem as diferenças entre IFOV e EIFOV, entende-se que o sistema estará gerando maiores distorções espaciais,

2 A origem dos números digitais (NDs)   39

as quais podem ser quantificadas mediante a aplicação da função de transferência de modulação (MTF). Mais informações sobre essa aplicação podem ser encontradas em Slater (1980).

Existem outras definições ou apropriações do termo IFOV que variam um pouco daquilo preconizado por Slater (1980). Na Fig. 2.4 é possível observar outras designações para o termo e ainda outro termo, FOV (*field of view*), com frequência associado ao ângulo de abertura da óptica de um sensor ou ao ângulo de imageamento *cross track*.

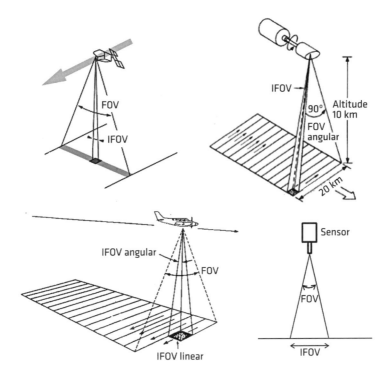

Fig. 2.4 Algumas abordagens envolvendo a definição do termo IFOV

Vale destacar que, para o caso de sensores aerotransportados ou orbitais, o IFOV linear apresenta dimensão nos eixos X e Y, uma vez que também frequentemente se assume a forma quadrada para o IFOV (ou o EIFOV).

Seja qual for a dimensão do IFOV (ou do EIFOV) e a maneira como se deseja defini-lo (linearmente ou angularmente), o que se deve considerar é que dentro dele é possível encontrar objetos de diferentes naturezas. A probabilidade de inclusão de objetos com diferentes propriedades espectrais será tanto maior quanto maiores forem as dimensões do IFOV (ou do EIFOV).

Cabe salientar que não apenas a proporção em área de diferentes objetos dentro de um elemento de resolução no terreno é importante, suas propriedades espectrais também o são. É bom lembrar que os objetos refletem, transmitem e absorvem a radiação eletromagnética incidente de maneira particular, então é fácil compreender que cada objeto contido dentro de um elemento de resolução no terreno irá refletir mais ou menos do que outro dentro de uma determinada faixa espectral. Assim, considerando uma situação hipotética na qual, dentro de um elemento de resolução, se encontrem quatro diferentes objetos ocupando as mesmas proporções em área, o valor de radiância efetivamente medido em uma determinada faixa espectral será fortemente influenciado pelo objeto que refletir mais intensamente nessa mesma faixa espectral.

Isso explica por que se consegue observar, em imagens orbitais, objetos cujas dimensões são menores do que as do IFOV de um sensor, como uma estrada vicinal atravessando uma floresta, por exemplo. Normalmente tais estradas são muito estreitas e em tese não deveriam ser detectáveis por sensores cujo IFOV possui dimensões estabelecidas maiores do que a largura dessas estradas. Nesse caso em específico, há um contraste radiométrico muito grande entre as refletâncias da estrada (solo nu) e da cobertura vegetal ou de uma ponte e da água em seu entorno. Dessa forma, o valor de radiância efetivamente medido pelo sensor acaba sendo "contaminado" pelos altos valores de radiância gerados pela estrada ou pela ponte em relação àqueles gerados pela cobertura vegetal ou pela água, respectivamente. Assim, pode-se entender por que esse fenômeno é conhecido como *mistura espectral*, em que prevalece a característica espectral sobre a espacial, ou seja, a resposta espectral da estrada e da ponte é maior do que a da floresta e da água, mesmo ocupando uma área menor do pixel. A Fig. 2.5 apresenta exemplos didáticos desse fenômeno.

Fig. 2.5 Exemplos de possível visualização de objetos em imagens orbitais que apresentam dimensões inferiores àquelas do IFOV do sensor que as gerou

42 Mistura espectral

Nessa figura, é possível observar, em imagens orbitais de diferentes regiões espectrais, o traçado de uma ponte e estradas com dimensões inferiores àquelas do IFOV do sensor que gerou as imagens. Esse fenômeno é muito importante ao estudar os modelos de mistura, pois as tais proporções de mistura espectral, que serão abordadas oportunamente, estão intimamente ligadas a ele.

Foram vistos então alguns aspectos importantes sobre a origem dos NDs. Eles estão presentes em imagens geradas por sensores que apresentam características específicas do ponto de vista espectral, espacial, radiométrico e temporal. Tais características, obviamente, oferecem oportunidades e limitações ao atendimento de diferentes aplicações. Elas também não podem ser negligenciadas quando da aplicação do modelo linear de mistura espectral, ao escolher ou definir o sensor com o qual se trabalhará.

A seguir serão apresentados alguns detalhes técnicos de sensores cujos dados são frequentemente explorados quando da aplicação de modelos lineares de mistura espectral.

Sensores orbitais

O desenvolvimento das técnicas de sensoriamento remoto remonta ao final do século XVIII, caso se assuma que tenha começado com as primeiras câmeras fotográficas, e teve grande impulso com o advento das primeiras viagens espaciais, no final da década de 1950 e no início da década de 1960. Ao longo desse processo, foram desenvolvidos inúmeros sensores orbitais para observação da Terra que também inicialmente tiveram como objetivo gerar dados da superfície terrestre que pudessem informar sobre a cobertura da superfície do planeta. Assim, mediante os dados disponibilizados por sensores – como aqueles colocados a bordo de satélites do programa Landsat (MSS, RBV, TM, ETM+, OLI) e do programa Spot (High Resolution Visible – HRV) –, procurou-se elaborar mapas temáticos, os quais viabilizaram o monitoramento dos recursos naturais por décadas.

Posteriormente, entre o final da década de 1980 e o início da década de 1990, surgiu nos Estados Unidos o programa Earth Observing System (EOS), que previa o desenvolvimento e o lançamento de sensores dotados das mais variadas capacidades (resoluções). O objetivo era gerar dados sobre a superfície da Terra não apenas para fins de mapeamento, mas também para a quantificação de parâmetros geofísicos e biofísicos, importantes em estudos de modelagem e em previsões variadas, como a das mudanças climáticas globais e da futura disponibilidade de recursos naturais.

Atualmente, encontram-se disponíveis dados provenientes dos mais variados sensores orbitais, alguns dos quais serão descritos a seguir.

3.1 Modis

O sensor Modis (Moderate-resolution Imaging Spectroradiometer) foi lançado na órbita da Terra pelos Estados Unidos em 1999, a bordo do satélite Terra (EOS AM), e em 2002, a bordo do satélite Aqua (EOS PM). Esse sensor adquire dados em 36 bandas espectrais, compreendidas de 0,4 μm a 14,4 μm e em diferentes resoluções espaciais (duas bandas em 250 m, cinco bandas em 500 m e 29 bandas em 1 km). Juntos, os instrumentos imageiam toda a Terra a cada um ou dois dias. Eles são projetados para fornecer medidas em grande escala da dinâmica global dos recursos naturais, incluindo mudanças de cobertura de nuvens, balanço de radiação e processos que ocorrem nos oceanos, nos continentes e na baixa atmosfera. O Modis foi sucedido pelo instrumento VIIRS (Visible Infrared Imaging Radiometer Suite), a bordo do satélite Suomi NPP (Suomi National Polar-orbiting Partnership), lançado em 2011, e este será substituído pelos futuros satélites JPSS (Joint Polar Satellite System).

Com sua baixa e moderada resolução espacial, mas alta resolução temporal, os dados Modis são úteis para controlar as alterações na paisagem ao longo do tempo. Exemplos de tais aplicações incluem o monitoramento da saúde da vegetação por meio de análises de séries temporais com índices de vegetação (Lu et al., 2015), de mudanças de cobertura da terra em longo prazo para, por exemplo, monitorar taxas de desmatamento (Klein; Gessner; Kuenzer, 2012; Leinenkugel et al., 2014; Lu et al., 2014; Gessner et al., 2015), de tendências de cobertura global de neve (Dietz; Wohner; Kuenzer, 2012; Dietz; Kuenzer; Conrad, 2013), de inundação em virtude de precipitação, rios ou inundações nas áreas costeiras devido à subida do nível do mar (Kuenzer et al., 2015) e de mudança de níveis de água dos grandes lagos (Klein et al., 2015), além da detecção e do mapeamento dos incêndios florestais nos Estados Unidos. O Centro de Aplicações de Sensoriamento Remoto do Serviço Florestal dos Estados Unidos (USFS) analisa imagens Modis em uma base contí-

3 Sensores orbitais 45

nua para fornecer informações para a gestão e a supressão dos incêndios florestais. As características técnicas desse sensor encontram-se apresentadas na Tab. 3.1.

Tab. 3.1 Características técnicas do sensor Modis

Bandas espectrais	Comprimento de onda (nm)	Resolução (m)	Uso primário
1	620-670	250	Terra/nuvem/aerossóis Limites
2	841-876	250	
3	459-479	500	
4	545-565	500	Terra/nuvem/aerossóis Propriedades
5	1.230-1.250	500	
6	1.628-1.652	500	
7	2.105-2.155	500	
8	405-420	1.000	
9	438-448	1.000	
10	483-493	1.000	
11	526-536	1.000	Cor do oceano/fitoplâncton/ biogeoquímica
12	546-556	1.000	
13	662-672	1.000	
14	673-683	1.000	
15	743-753	1.000	
16	862-877	1.000	
17	890-920	1.000	Atmosférico Vapor de água
18	931-941	1.000	
19	915-965	1.000	
20	3.660-3.840	1.000	
21	3.929-3.989	1.000	Superfície/nuvem Temperatura
22	3.929-3.989	1.000	
23	4.020-4.080	1.000	
24	4.433-4.498	1.000	Atmosférico Temperatura
25	4.482-4.549	1.000	

46 MISTURA ESPECTRAL

Tab. 3.1 Características técnicas do sensor Modis (cont.)

Bandas espectrais	Comprimento de onda (nm)	Resolução (m)	Uso primário
26	1.360-1.390	1.000	
27	6.535-6.895	1.000	Cirrus Vapor de água
28	7.175-7.475	1.000	
29	8.400-8.700	1.000	Propriedades de nuvem
30	9.580-9.880	1.000	Ozônio
31	10.780-11.280	1.000	Superfície/nuvem
32	11.770-12.270	1.000	Temperatura
33	13.185-13.485	1.000	
34	13.485-13.785	1.000	Topo de nuvem
35	13.785-14.085	1.000	Altitude
36	14.085-14.385	1.000	

Como pode ser observado nessa tabela, as imagens das bandas espectrais 1 a 7 são comumente utilizadas em estudos da superfície terrestre. As bandas espectrais 3 a 7 são reamostradas de 500 m para 250 m e podem ser empregadas nos modelos de mistura espectral. As bandas espectrais 21 e 22 possuem os mesmos comprimentos de onda, mas apresentam diferentes pontos de saturação.

3.2 SPOT VEGETATION

O programa Vegetation é desenvolvido conjuntamente por França, Comissão Europeia, Bélgica, Itália e Suécia. O primeiro satélite do programa, Vegetation 1, foi lançado em 24 de março de 1998, a bordo do satélite Spot 4, enquanto o segundo instrumento, Vegetation 2, foi lançado em 4 de maio de 2002, a bordo do satélite Spot 5. Eles fornecem dados para monitorar parâmetros de superfícies da Terra com frequência diária em uma base global, com resolução espacial média de 1 km. O segmento de solo associado ao programa processa os dados gerados para oferecer produtos padrão para a comunidade geral de usuários. Todo o sistema complementa a capacidade de alta

resolução espacial existente nos sensores da série Spot (Satellite pour l'Observation de la Terre), proporcionando medições espectrais semelhantes e simultâneas nas regiões espectrais do visível e do infravermelho. As características originais dos instrumentos permitem que os usuários tenham acesso a:
a] medições multitemporais robustas e simples das propriedades radiativas solares, monitoramento contínuo e global de áreas continentais, geração de dados para estudos regionais ou locais, extenso conjunto de dados com calibração e localização acurada, continuidade e consistência, que será disponibilizado por futuras gerações desses sensores;
b] abordagens multiescala.

A decisão de realizar esse programa foi o resultado do desenvolvimento de muitos estudos e projetos durante os últimos 20 anos: o uso de dados de sensoriamento remoto em programas operacionais ou em projetos que deveriam conduzir aplicações operacionais aumentou fortemente até que a disponibilidade e a qualidade dos dados se tornaram claramente uma limitação.

Como grupos de trabalho, comunidades de usuários e programas internacionais foram expressando suas necessidades para aumentar os detalhes em diferentes domínios (espectral, radiométrico, temporal e espacial), a ideia de aproveitar a oportunidade para embarcar em uma missão dedicada e definitivamente operacional a bordo do Spot 4 foi apoiada pelos parceiros do programa. As necessidades das políticas setoriais da Comissão Europeia – para a gestão da produção na agricultura, para a silvicultura e para o monitoramento ambiental – e dos parceiros nacionais, bem como de grandes programas internacionais relacionados ao estudo das mudanças globais, foram sintetizadas por um comitê internacional de usuários e se tornaram a base para o desenvolvimento técnico de todo o sistema.

O forte empenho da Comissão Europeia é também um sinal claro de que os mecanismos pelos quais os sistemas de sensoriamento

48 MISTURA ESPECTRAL

remoto são concebidos e utilizados estão mudando. Levando-se em conta que as metodologias para usar dados de sensoriamento remoto tornam-se mais adaptadas a uma necessidade regular e operacional, a decisão de empreender tal desenvolvimento agora está também nas mãos dos usuários, e não fica só sob responsabilidade exclusiva das agências espaciais. O desenvolvimento do Vegetation, a estrutura do programa e suas realizações constituem um teste pelo qual os novos mecanismos são exemplificados. Seus objetivos globais, no entanto, devem permanecer como um compromisso de longo prazo para fornecer dados úteis para a comunidade de usuários.

A Tab. 3.2 apresenta as principais características técnicas dos sensores Vegetation 1 e Vegetation 2.

Tab. 3.2 Características técnicas dos sensores Vegetation 1 e Vegetation 2

Sensor	Banda espectral	Resolução espectral (µm)	Resolução espacial (km)	Resolução temporal (h)	Faixa imageada (km)
Vegetation 1 e Vegetation 2	B0	0,43-0,47	1,15	24	2.250
	B2	0,61-0,68			
	B3	0,78-0,89			
	SWIR	1,58-1,75			

3.3 LANDSAT MSS, TM, ETM+, OLI

A família de satélites Landsat teve início com o lançamento do Landsat 1, em 1972, que levava a bordo aquele que seria o primeiro sensor bem-sucedido de observação da Terra, o denominado Multispectral Scanner System (MSS). O sensor Thematic Mapper (TM) começou a ser utilizado dez anos mais tarde, quando, em 1982, foi colocado a bordo do satélite Landsat 4.

O mais longevo satélite do programa Landsat foi o Landsat 5, também levando a bordo o sensor TM, que foi lançado em 1984 e descontinuado em 2013, mas que gerou imagens de excelente quali-

3 Sensores orbitais 49

dade até 2011, algo inédito até então em termos de período de tempo em órbita e em funcionamento. Já o satélite Landsat 7 foi lançado em 1999, levando a bordo o sensor Enhanced Thematic Mapper Plus (ETM+), com o incremento de uma banda pancromática em relação ao seu antecessor, o TM/Landsat 5.

O Landsat 8 trouxe inovações, com a substituição do sensor TM pelo sensor Operational Land Imager (OLI), o estreitamento das faixas espectrais e a inclusão das bandas Costeira/Aerossol, Termal e Cirrus. A Tab. 3.3 apresenta as características dos sensores TM, ETM+ e OLI, do programa Landsat.

Tab. 3.3 Características técnicas dos sensores TM, ETM+ e OLI

Bandas	TM (μm)	ETM+ (μm)	OLI (μm)	Resolução espacial (m)
Costeira/Aerossol			0,433-0,453	30
Azul	0,45-0,52	0,45-0,52	0,450-0,515	30
Verde	0,53-0,61	0,53-0,61	0,525-0,600	30
Vermelho	0,63-0,69	0,63-0,69	0,630-0,680	30
Infravermelho próximo	0,78-0,90	0,78-0,90	0,845-0,885	30
Infravermelho médio	1,55-1,75	1,55-1,75	1,560-1,660	30
Infravermelho termal	10,4-12,5	10,4-12,5		120/60
Infravermelho médio	2,09-2,35	2,09-2,35	2,100-2,300	30
Pancromático		0,52-0,90	1,360-1,390	15
Cirrus			0,52-0,90	30

A resolução radiométrica dos sensores TM e ETM+ é de 8 bits, enquanto a do sensor OLI é de 12 bits. A resolução temporal deles é de 16 dias.

3.4 HYPERION

O sensor Hyperion atua em 220 faixas espectrais entre 0,4 μm e 2,5 μm, motivo pelo qual é denominado hiperespectral. Lançado em novembro de 2000 e parte do programa EOS, ele tinha como principal objetivo dar início à disponibilização de uma série de sensores inovadores de observação da Terra. A inovação foi então focada na geração de dados espectrais que permitissem a quantificação de parâmetros geofísicos e biofísicos mediante a caracterização espectral de objetos. Esse sensor foi colocado a bordo do satélite EO-1, que tem órbita Sol-síncrona, à altitude de 705 km. É um sensor de imageamento *push broom* com largura de 7,65 km, resolução espacial de 30 m e resolução radiométrica de 12 *bits*.

É importante destacar que idealmente a caracterização espectral de objetos pretendida mediante a análise de dados gerados por esse sensor deveria acontecer em *pixels* puros, ou seja, naqueles *pixels* em que não ocorre a mistura espectral. Contudo, sabe-se que, mesmo para dimensões diminutas de IFOV, sempre haverá a mistura espectral como um fenômeno praticamente obrigatório.

A Fig. 3.1 ilustra um exemplo de espectros que podem ser gerados com base nos dados do sensor Hyperion.

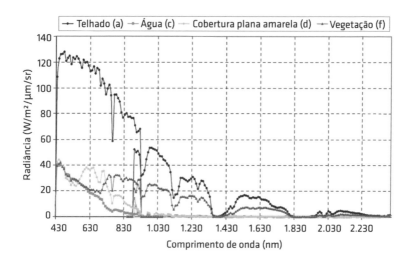

 Fig. 3.1 Exemplo de espectros que podem ser gerados com base nos dados do sensor Hyperion

3 Sensores orbitais 51

Pelo que foi exposto anteriormente, fica claro que espectros como os observados nessa figura não se referem a objetos puros, mas sim a misturas de objetos contidos em *pixels* de 30 m × 30 m. A concepção de novos sensores é uma constante. São inúmeras as inovações previstas para as próximas décadas nos diferentes domínios explorados pelas técnicas de sensoriamento remoto (espacial, espectral, radiométrico e temporal). Independentemente das inovações, é certo que a comunidade usuária de dados de sensoriamento remoto terá à disposição uma imensa quantidade de dados sobre a superfície da Terra. Além disso, os modelos de mistura espectral servem também como uma alternativa à redução do volume de dados a ser processado visando ao processo de extração de informações.

Modelo linear de mistura espectral

Conheceram-se um pouco as origens da mistura espectral. É chegado o momento de compreender um pouco mais como é possível calcular as frações ou porcentagens de cada objeto dentro de um *pixel*, que, como visto, pode assumir dimensões variadas a depender da resolução espacial de cada sensor. Essas frações são calculadas mediante a aplicação de modelos matemáticos. Este capítulo tratará de modelos lineares, mas é importante destacar que a linearidade pode não ser a única forma de descrever a participação de cada objeto dentro de um *pixel*. Serão descritos os *modelos lineares de mistura espectral* (MLMEs), em razão de serem amplamente utilizados pelos pesquisadores, com resultados consistentes.

Seguindo essa abordagem, a resposta espectral em cada *pixel*, em qualquer banda espectral de atuação de um sensor, pode ser imaginada como uma combinação linear das respostas espectrais de cada componente presente na mistura. Assim, cada *pixel* da imagem, que pode assumir qualquer valor dentro da escala de nível de cinza (2^n bits), contém informações sobre a proporção (quantidade) e a resposta espectral de cada componente dentro da unidade de resolução no terreno. Portanto, para qualquer imagem multiespectral gerada por qualquer sistema sensor, considerando o conhecimento da proporção dos componentes, será possível estimar a resposta espectral de cada um desses componentes.

Similarmente, se essa resposta for conhecida, então a proporção de cada componente na mistura poderá ser estimada. Essa característica vai ajudar na análise de diferentes sensores dotados com resolução espacial diversa. Por exemplo, é possível gerar as imagens-fração a partir de um sensor com resolução espacial alta (*pixels* com dimensões pequenas) e, com base nessas proporções, estimar as respostas espectrais de objetos presentes em *pixels* gerados por um sensor de resolução média, e então gerar as imagens-fração para as imagens desse sensor (Shimabukuro; Smith, 1995).

Imagine-se uma situação o mais simples possível na qual se tem uma imagem pancromática, obtida em uma faixa espectral relativamente larga, gerada a partir de um sensor com resolução radiométrica de 8 *bits*, ou seja, com 256 níveis de cinza. Nesse caso, pode-se formular o sistema de equações do modelo linear de mistura espectral da seguinte forma:

$$R = b\,x_1 + p\,x_2 \qquad \text{(4.1)}$$

$$x_1 + x_2 = 1 \text{ (a soma das proporções deve ser igual a 1)} \qquad \text{(4.2)}$$

em que:
R = resposta espectral do *pixel* da imagem;
b = resposta espectral do objeto claro;
p = resposta espectral do objeto escuro;
x_1 = proporção do objeto claro;
x_2 = proporção do objeto escuro.

Desse modo, seria possível gerar duas imagens-fração (claro e escuro) para essa imagem pancromática. As imagens-fração seriam o resultado do sistema de equações para todos os *pixels* da imagem, como mostrado a seguir.

Fazendo:

$$x_2 = 1 - x_1 \qquad \text{(4.3)}$$

Substituindo então a Eq. 4.3 na Eq. 4.1, tem-se:

$$R = b\,x_1 + p\,(1 - x_1) = b\,x_1 + p - p\,x_1 = x_1(b - p) + p \text{ ou } R - p = x_1(b - p) \qquad \text{(4.4)}$$

4 Modelo linear de mistura espectral

Como os NDs da imagem variam de 0 a 255, pode-se considerar que existe um *pixel* claro puro (*b* = 255) e outro *pixel* escuro puro (*p* = 0). Nesse caso, os *pixels* com os valores entre 1 e 254 seriam uma mistura das respostas desses *pixels* puros. Assim, seria possível gerar duas imagens-fração (claro e escuro) para essa imagem pancromática. As imagens-fração seriam o resultado da aplicação da Eq. 4.4 para todos os *pixels* da imagem.

Por exemplo:

1. para R = 0, substituindo os valores dos *pixels* claro (*b* = 255) e escuro (*p* = 0) na Eq. 4.4, obtêm-se $0 - 0 = x_1(255 - 0) = 255x_1$ e $x_1 = 0$, e, pela Eq. 4.2, $x_2 = 1 - 0 = 1$ (*pixel* escuro);
2. para R = 255, substituindo os valores dos *pixels* claro (*b* = 255) e escuro (*p* = 0) na Eq. 4.4, obtêm-se $255 - 0 = x_1(255 - 0) = 255x_1$ e $x_1 = 1$, e, pela Eq. 4.2, $x_2 = 1 - 1 = 0$ (*pixel* claro);
3. para R = 127, substituindo os valores dos *pixels* claro (*b* = 255) e escuro (*p* = 0) na Eq. 4.4, obtêm-se $127 - 0 = x_1(255 - 0) = 255x_1$ e x_1 = aproximadamente 0,5, e, pela Eq. 4.2, $x_2 = 1 - 0,5 = 0,5$ (*pixel* mistura);
4. fazendo isso para todos os *pixels* da imagem, chega-se às imagens-fração claro e escuro conforme o exemplo para uma imagem real apresentado na Fig. 4.1.

Fig. 4.1 (A) Imagem CBERS HRC pancromática; (B) composição colorida Rclaro Gescuro Bescuro

56 MISTURA ESPECTRAL

Fig. 4.1   (C) Imagem-fração claro; (D) imagem-fração escuro

As imagens-fração resultantes poderiam ser utilizadas juntas ou separadamente, a depender dos objetivos a serem atingidos. Embora não tenha sido utilizado normalmente, o modelo linear de mistura para dois *endmembers* serve para mostrar que a solução desse modelo de mistura não é tão complexa como será mostrado para o caso de três ou mais *endmembers* na mistura.

Genericamente, então, o modelo linear de mistura espectral pode ser escrito como:

$$R_1 = a_{11} x_1 + a_{12} x_2 + \ldots + a_{1n} x_n + e_1$$
$$R_2 = a_{21} x_1 + a_{22} x_2 + \ldots + a_{2n} x_n + e_2$$
$$\vdots$$
$$R_m = a_{m1} x_1 + a_{m2} x_2 + \ldots + a_{mn} x_n + e_m$$

ou

$$R_i = \text{sum}(a_{ij} x_j) + e_i \qquad (4.5)$$

em que:

R_i = refletância espectral média para a i-ésima banda espectral;
a_{ij} = refletância espectral do j-ésimo componente no *pixel* para a i-ésima banda espectral;

4 Modelo linear de mistura espectral   57

x_j = valor de proporção do j-ésimo componente no *pixel*;

e_i = erro para a i-ésima banda espectral;

e_j = 1,2, ..., n (n = número de componentes assumidos para o problema);

e_i = 1,2, ..., m (m = número de bandas espectrais para o sistema sensor).

Conforme mencionado anteriormente, esse modelo assume que a resposta espectral (na Eq. 4.5, expressa como refletância) dos *pixels* são combinações lineares da resposta espectral dos componentes dentro do *pixel*. Para resolver a Eq. 4.5, é necessário ter a refletância espectral do *pixel* em cada banda (R_i) e a refletância espectral de cada componente (a_{ij}) em cada banda para que os valores de proporção sejam estimados, ou vice-versa.

Como pode ser visto, o modelo linear de mistura espectral é um exemplo típico de problema de inversão (medidas indiretas) em sensoriamento remoto. Alguns conceitos de problema de inversão e três abordagens matemáticas para a solução desse sistema de equações lineares serão discutidos a seguir.

No problema de inversão, o modelo de mistura sem o termo relativo ao erro (e_i), que foi definido anteriormente, pode ser reescrito na forma de matriz:

$$R = A\,x \qquad \text{(4.6)}$$

em que:

A = matriz de m linhas por n colunas contendo dados de entrada, representando a refletância espectral de cada componente;

R = vetor de m colunas, representando a refletância do *pixel*;

x = vetor de n colunas, representando os valores de proporção de cada componente na mistura (variáveis a estimar).

O procedimento para resolver um problema de sensoriamento remoto como o da Eq. 4.6 é chamado de problema de inversão ou método de medidas indiretas. Nesse caso, a refletância espectral média do *pixel* (R) é assumida como dependente linear da refletância

58 MISTURA ESPECTRAL

espectral de cada componente (A). Portanto, o valor de proporção (x_j) será zero se os respectivos a_{ij} e R_i não forem dependentes entre si.

Inversões numéricas podem produzir resultados que são matematicamente corretos, mas fisicamente inaceitáveis. É importante entender que a maioria dos problemas de inversão física é ambígua, uma vez que eles não têm uma solução única e uma discreta solução razoável é alcançada pela imposição adicional de condições de contorno.

Em sensoriamento remoto, os usuários estão normalmente interessados em conhecer o estado de uma quantidade física, biológica ou geográfica (ou de várias delas), tais como a biomassa de uma cultura agrícola específica, a quantidade de um gás poluente na atmosfera ou a extensão e o estado da cobertura global de neve numa determinada data.

Para a solução do sistema de equações lineares que representa o modelo de mistura espectral de que se está tratando, existem várias abordagens matemáticas baseadas no método dos mínimos quadrados. A seguir serão apresentados três algoritmos que estão disponíveis nos atuais aplicativos de processamento de imagens (Spring, Envi, PCI).

4.1 ALGORITMOS MATEMÁTICOS

Conforme visto anteriormente, o modelo linear de mistura espectral é um sistema de equações, com uma equação para cada banda do sensor considerado. Por exemplo, para o MSS há quatro equações, correspondentes às bandas 4, 5, 6 e 7, ao passo que para o TM há seis equações, correspondentes às bandas 1, 2, 3, 4, 5 e 7, levando em conta apenas o espectro óptico solar. É importante lembrar que não é necessário utilizar todas as bandas disponíveis, mas deve-se obedecer à condição de o número de espectros de referência (ou de *pixels* puros) ser sempre menor do que o número de bandas espectrais. Dessa maneira, são necessários algoritmos matemáticos para a solu-

4 Modelo linear de mistura espectral

ção do sistema de equações formado pela resposta espectral do *pixel*, que é função da proporção de cada espectro de referência (ou de *pixels* puros) ponderado pela respectiva resposta espectral do *endmember*.

Esses espectros de referência ou *pixels* puros são corriqueiramente chamados de *endmembers*, uma designação com a qual os profissionais mais familiarizados com a aplicação de modelos lineares de mistura estão mais acostumados. Assim, a partir deste trecho será adotada essa denominação.

A seguir serão apresentados três algoritmos matemáticos: mínimos quadrados com restrição, mínimos quadrados ponderados e principais componentes.

4.1.1 Mínimos quadrados com restrição (*constrained least squares* – CLS)

Esse método estima a proporção de cada componente dentro do *pixel* minimizando a soma dos erros ao quadrado. Os valores de proporção devem ser não negativos (significado físico) e somar 1. Para resolver esse problema, foi desenvolvido um método de solução quase fechada (por exemplo, um método que encontra a solução fazendo aproximações que satisfaçam essas restrições). Nesse caso, o método elaborado será apresentado para os casos de três ou quatro componentes dentro do *pixel*. Vale lembrar que o modelo pode ser desenvolvido para um maior número de *endmembers*, mas que a solução vai se tornando cada vez mais complexa, como será visto entre os modelos de três e quatro *endmembers* na mistura. Assim, o modelo de mistura pode ser escrito como:

$$r_i = a_{11}\, x_1 + a_{12}\, x_2 + a_{13}\, x_3 + e_1$$
$$\dots\dots\dots\dots\dots\dots\dots\dots$$
$$\dots\dots\dots\dots\dots\dots\dots\dots$$
$$r_m = a_{m1}\, x_1 + a_{m2}\, x_2 + a_{m3}\, x_3 + e_m$$

60 Mistura espectral

É possível escrevê-lo como:

$$r_i = \Sigma(a_{ij} \, x_j) + e_i \tag{4.7}$$

ou

$$e_i = r_i - \Sigma(a_{ij} \, x_j) \tag{4.8}$$

A função a ser minimizada é:

$$F = \Sigma e_i^2 \tag{4.9}$$

em que m é o número de bandas espectrais do sensor utilizado – por exemplo, $m = 4$ para o sensor MSS ou $m = 6$ para o sensor TM.

4.1.2 Quatro bandas espectrais e três componentes

Nesse caso, o problema de mistura pode ser escrito como:

$$r_1 = a_{11} \, x_1 + a_{12} \, x_2 + a_{13} \, x_3 + e_1$$
$$r_2 = a_{21} \, x_1 + a_{22} \, x_2 + a_{23} \, x_3 + e_2$$
$$r_3 = a_{31} \, x_1 + a_{32} \, x_2 + a_{33} \, x_3 + e_3$$
$$r_4 = a_{41} \, x_1 + a_{42} \, x_2 + a_{43} \, x_3 + e_4$$

A função a ser minimizada é:

$$e_1^2 + e_2^2 + e_3^2 + e_4^2 = E_1 \, x_1^2 + E_2 \, x_2^2 + E_3 \, x_3^2 + E_4 \, x_1 \, x_2 + E_5 \, x_1 \, x_3 + \\ + E_6 \, x_2 \, x_3 + E_7 \, x_1 + E_8 \, x_2 + E_9 \, x_3 + E_{10} \tag{4.10}$$

Os valores dos coeficientes E_1 a E_{10} são mostrados no Quadro 4.1.

Considerando a primeira restrição, $x_1 + x_2 + x_3 = 1$ ou $x_3 = 1 - x_1 - x_2$, e substituindo essa restrição na Eq. 4.10, a função a ser minimizada torna-se:

$$e_1^2 + e_2^2 + e_3^2 + e_4^2 = A_1 \, x_1^2 + A_2 \, x_2^2 + A_3 \, x_1 \, x_2 + A_4 \, x_1 + A_5 \, x_2 + A_6 \tag{4.11}$$

Os valores dos coeficientes A_1 a A_6 são mostrados no Quadro 4.2.

4 Modelo linear de mistura espectral   61

Quadro 4.1   Valores dos coeficientes E da Eq. 4.10

$$E_1 = a_{11}{}^2 + a_{21}{}^2 + a_{31}{}^2 + a_{41}{}^2$$

$$E_2 = a_{12}{}^2 + a_{22}{}^2 + a_{32}{}^2 + a_{42}{}^2$$

$$E_3 = a_{13}{}^2 + a_{23}{}^2 + a_{33}{}^2 + a_{43}{}^2$$

$$E_4 = 2\,(a_{11}\,a_{12} + a_{21}\,a_{22} + a_{31}\,a_{32} + a_{41}\,a_{42})$$

$$E_5 = 2\,(a_{11}\,a_{13} + a_{21}\,a_{23} + a_{31}\,a_{33} + a_{41}\,a_{43})$$

$$E_6 = 2\,(a_{12}\,a_{13} + a_{22}\,a_{23} + a_{32}\,a_{33} + a_{42}\,a_{43})$$

$$E_7 = -2\,(a_{11}\,r_1 + a_{21}\,r_2 + a_{31}\,r_3 + a_{41}\,r_4)$$

$$E_8 = -2\,(a_{12}\,r_1 + a_{22}\,r_2 + a_{32}\,r_3 + a_{42}\,r_4)$$

$$E_9 = -2\,(a_{13}\,r_1 + a_{23}\,r_2 + a_{33}\,r_3 + a_{43}\,r_4)$$

$$E_{10} = r_1{}^2 + r_2{}^2 + r_3{}^2 + r_4{}^2$$

Quadro 4.2   Valores dos coeficientes A da Eq. 4.11

$$A_1 = a_{11}{}^2 + a_{21}{}^2 + a_{31}{}^2 + a_{41}{}^2 + a_{13}{}^2 + a_{23}{}^2 + a_{33}{}^2 + a_{43}{}^2 - 2\,(a_{11}\,a_{13} + a_{21}\,a_{23} + a_{31}\,a_{33} + a_{41}\,a_{43})$$

$$A_2 = a_{12}{}^2 + a_{22}{}^2 + a_{32}{}^2 + a_{42}{}^2 + a_{13}{}^2 + a_{23}{}^2 + a_{33}{}^2 + a_{43}{}^2 - 2\,(a_{12}\,a_{13} + a_{22}\,a_{23} + a_{32}\,a_{33} + a_{42}\,a_{43})$$

$$A_3 = 2\,(r_1{}^2{}_{13} + a_{23}{}^2 + a_{33}{}^2 + a_{43}{}^2 + a_{11}\,a_{12} + a_{21}\,a_{22} + a_{31}\,a_{32} + a_{41}\,a_{42} -$$
$$- a_{11}\,a_{13} - a_{21}\,a_{23} - a_{31}\,a_{32} - a_{41}\,a_{43} - a_{12}\,a_{13} - a_{22}\,a_{23} - a_{32}\,a_{33} - a_{42}\,a_{43})$$

$$A_4 = 2\,(-a_{13}{}^2 - a_{23}{}^2 - a_{33}{}^2 - a_{43}{}^2 + a_{11}\,a_{13} + a_{21}\,a_{23} + a_{31}\,a_{33} + a_{41}\,a_{43} -$$
$$- a_{11}\,r_1 - a_{21}\,r_2 - a_{31}\,r_3 - a_{41}\,r_4 + a_{13}\,r_1 + a_{23}\,r_2 + a_{33}\,r_3 + a_{43}\,r_4)$$

$$A_5 = 2\,(-a_{13}{}^2 - a_{23}{}^2 - a_{33}{}^2 - a_{43}{}^2 + a_{12}\,a_{13} + a_{22}\,a_{23} + a_{32}\,a_{33} + a_{42}\,a_{43} -$$
$$- a_{12}\,r_1 - a_{22}\,r_2 - a_{32}\,r_3 - a_{42}\,r_4 + a_{13}\,r_1 + a_{23}\,r_2 + a_{33}\,r_3 + a_{43}\,r_4)$$

$$A_6 = a_{13}{}^2 + a_{23}{}^2 + a_{33}{}^2 + a_{43}{}^2 + r_1{}^2 + r_2{}^2 + r_3{}^2 + r_4{}^2 - 2\,(a_{13}\,r_1 + a_{23}\,r_2 + a_{33}\,r_3 + a_{43}\,r_4)$$

A função a ser minimizada é:

$$F = A_1\,x_1{}^2 + A_2\,x_2{}^2 + A_3\,x_1\,x_2 + A_4\,x_1 + A_5\,x_2 + A_6 \qquad \text{(4.12)}$$

em que os coeficientes A_1 a A_6 são funções dos valores espectrais, a_{ij} (valores de resposta dos *endmembers*) e r_i (valores de resposta do *pixel*).

Para solucionar esse problema, faz-se necessário encontrar um valor mínimo dentro da área definida pelas retas: $0 \le x_1 \le a$, $0 \le x_2 \le b$, e $x_1/a + x_2/b = 1$, em que $a = b = 1$ (Fig. 4.2). Considerando a função a ser minimizada, de maneira a encontrar o valor mínimo, as derivadas parciais são calculadas e igualadas a zero:

$$dF/dx_1 = 2A_1 x_1 + A_2 x_2 + A_4 = 0$$

$$dF/dx_2 = 2A_2 x_2 + A_3 x_1 + A_5 = 0$$

Resolvendo para x_1 e x_2:

$$x_1 = (A_3 A_5 - 2A_2 A_4)/(4A_1 A_2 - A_3^2)$$

$$x_2 = (A_3 A_4 - 2A_1 A_5)/(4A_1 A_2 - A_3^2)$$

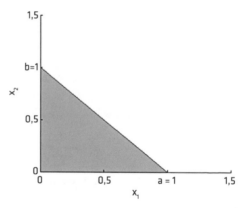

Fig. 4.2 Região que atende às restrições para o número de componentes igual a três

Então, existem cinco situações possíveis (Quadro 4.3), as quais são descritas a seguir.

Quadro 4.3 Situações possíveis para a solução do sistema de equações

Situação	x_1	x_2	Dentro da região	Valores a serem recalculados	x_3
1	Positivo	Positivo	Sim		$1 - x_1 - x_2$
2	Positivo	Positivo	Não	x_1 e x_2	0
3	Negativo	Positivo	Não	$x_2 (x_1 = 0)$	$1 - x_2$
3	Negativo	Negativo	Não	$x_1 = x_2 = 0$	1
3	Positivo	Negativo	Não	$x_1 (x_2 = 0)$	$1 - x_1$

4 Modelo linear de mistura espectral   63

- Situação 1, em que o valor mínimo está dentro da região de interesse. Então, essa é a solução final e $x_3 = 1 - x_1 - x_2$.
- Situação 2, em que o valor mínimo está fora da região e x_1 e x_2 são positivos. Nesse caso, o valor mínimo restrito é procurado na reta definida por $x_1 + x_2 = 1$ (isto é, $x_3 = 0$). Agora, fazendo $x_2 = 1 - x_1$, a função a ser minimizada é:

$$F = (A_1 + A_2 - A_3)\, x_1^2 + (A_3 + A_4 - A_5 - 2A_2)\, x_1 + (A_2 + A_5 + A_6) \qquad \text{(4.13)}$$

O valor mínimo será obtido por:

$$dF/dx_1 = 2(A_1 + A_2 - A_3)\, x_1 + (A_3 + A_4 - A_5 - 2A_2) = 0$$

Então:

$$x_1 = -(A_3 + A_4 - A_5 - 2A_2)/(2(A_1 + A_2 - A_3))$$

Se $x_1 > 1$, fazer $x_1 = 1$, ou, se $x_1 < 0$, fazer $x_1 = 0$ e $x_2 = 1 - x_1$.

- Situação 3, em que o valor mínimo está fora da região e x_1 é negativo e x_2 é positivo. Nesse caso, fazendo $x_1 = 0$, a função a ser minimizada torna-se:

$$F = A_2\, x_2^2 + A_5\, x_2 + A_6 \qquad \text{(4.14)}$$

Resolvendo para achar o mínimo, $x_2 = -A_5/2A_2$. Se $x_2 > 1$, então fazer $x_2 = 1$, ou, se $x_2 < 0$, fazer $x_2 = 0$ e $x_3 = 1 - x_2$.

- Situação 4, em que o valor mínimo está fora da região e x_1 e x_2 são negativos. Nesse caso, x_1 e x_2 são igualados a zero e $x_3 = 1$.
- Situação 5, em que o valor mínimo está fora da região e x_1 é positivo e x_2 é negativo. Nesse caso, fazendo $x_2 = 0$, a função ser minimizada torna-se:

$$F = A_1\, x_1^2 + A_4\, x_1 + A_6 \qquad \text{(4.15)}$$

Resolvendo para encontrar o mínimo, $x_1 = -A_4/2A_1$. Se $x_1 > 1$, então $x_1 = 1$, ou, se $x_1 < 0$, então $x_1 = 0$ e $x_3 = 1 - x_1$.

4.1.3 Seis bandas espectrais e quatro componentes

Nesse caso, o problema de mistura pode ser escrito como:

$$r_1 = a_{11}\, x_1 + a_{12}\, x_2 + a_{13}\, x_3 + a_{14}\, x_4 + e_1$$
$$r_2 = a_{21}\, x_1 + a_{22}\, x_2 + a_{23}\, x_3 + a_{24}\, x_4 + e_2$$
$$r_3 = a_{31}\, x_1 + a_{32}\, x_2 + a_{33}\, x_3 + a_{34}\, x_4 + e_3$$
$$r_4 = a_{41}\, x_1 + a_{42}\, x_2 + a_{43}\, x_3 + a_{44}\, x_4 + e_4$$
$$r_5 = a_{51}\, x_1 + a_{52}\, x_2 + a_{53}\, x_3 + a_{54}\, x_4 + e_5$$
$$r_6 = a_{61}\, x_1 + a_{62}\, x_2 + a_{63}\, x_3 + a_{64}\, x_4 + e_6$$

A função a ser minimizada é:

$$
\begin{aligned}
e_1{}^2 + e_2{}^2 + e_3{}^2 + e_4{}^2 + e_5{}^2 + e_6{}^2 &= E_1\, x_1{}^2 + E_2\, x_2{}^2 + E_3\, x_3{}^2 + E_4\, x_4{}^2 + \\
&+ E_5\, x_1\, x_2 + E_6\, x_1\, x_3 + E_7\, x_1\, x_4 + E_8\, x_2\, x_3 + E_9\, x_2\, x_4 + E_{10}\, x_3\, x_4 + \\
&+ E_{11}\, x_1 + E_{12}\, x_2 + E_{13}\, x_3 + E_{14}\, x_4 + E_{15}
\end{aligned}
\tag{4.16}
$$

Os valores dos coeficientes E_1 a E_{15} são mostrados no Quadro 4.4.

Quadro 4.4 Valores dos coeficientes E_1 a E_{15} para a Eq. 4.16

$$E_1 = a_{11}{}^2 + a_{21}{}^2 + a_{31}{}^2 + a_{41}{}^2 + a_{51}{}^2 + a_{61}{}^2$$
$$E_2 = a_{12}{}^2 + a_{22}{}^2 + a_{32}{}^2 + a_{42}{}^2 + a_{52}{}^2 + a_{62}{}^2$$
$$E_3 = a_{13}{}^2 + a_{23}{}^2 + a_{33}{}^2 + a_{43}{}^2 + a_{53}{}^2 + a_{63}{}^2$$
$$E_4 = a_{14}{}^2 + a_{24}{}^2 + a_{34}{}^2 + a_{44}{}^2 + a_{54}{}^2 + a_{64}{}^2$$
$$E_5 = 2\,(a_{11}\, a_{12} + a_{21}\, a_{22} + a_{31}\, a_{32} + a_{41}\, a_{42} + a_{51}\, a_{52} + a_{61}\, a_{62})$$
$$E_6 = 2\,(a_{11}\, a_{13} + a_{21}\, a_{23} + a_{31}\, a_{33} + a_{41}\, a_{43} + a_{51}\, a_{53} + a_{61}\, a_{63})$$
$$E_7 = 2\,(a_{11}\, a_{14} + a_{21}\, a_{24} + a_{31}\, a_{34} + a_{41}\, a_{44} + a_{51}\, a_{54} + a_{61}\, a_{64})$$
$$E_8 = 2\,(a_{12}\, a_{13} + a_{22}\, a_{23} + a_{32}\, a_{33} + a_{42}\, a_{43} + a_{52}\, a_{53} + a_{62}\, a_{63})$$
$$E_9 = 2\,(a_{12}\, a_{14} + a_{22}\, a_{24} + a_{32}\, a_{34} + a_{42}\, a_{44} + a_{52}\, a_{54} + a_{62}\, a_{64})$$
$$E_{10} = 2\,(a_{13}\, a_{14} + a_{23}\, a_{24} + a_{33}\, a_{34} + a_{43}\, a_{44} + a_{53}\, a_{54} + a_{63}\, a_{64})$$
$$E_{11} = -2\,(a_{11}\, r_1 + a_{21}\, r_2 + a_{31}\, r_3 + a_{41}\, r_4 + a_{51}\, r_5 + a_{61}\, r_6)$$
$$E_{12} = -2\,(a_{12}\, r_1 + a_{22}\, r_2 + a_{32}\, r_3 + a_{42}\, r_4 + a_{52}\, r_5 + a_{62}\, r_6)$$
$$E_{13} = -2\,(a_{13}\, r_1 + a_{23}\, r_2 + a_{33}\, r_3 + a_{43}\, r_4 + a_{53}\, r_5 + a_{63}\, r_6)$$
$$E_{14} = -2\,(a_{14}\, r_1 + a_{24}\, r_2 + a_{34}\, r_3 + a_{44}\, r_4 + a_{54}\, r_5 + a_{64}\, r_6)$$
$$E_{15} = r_1{}^2 + r_2{}^2 + r_3{}^2 + r_4{}^2 + r_5{}^2 + r_6{}^2$$

Considere-se a primeira restrição: $x_1 + x_2 + x_3 + x_4 = 1$ ou $x_4 = 1 - x_1 - x_2 - x_3$. Substituindo essa restrição na Eq. 4.5, a função a ser minimizada torna-se:

4 Modelo linear de mistura espectral   65

$$e_1{}^2 + e_2{}^2 + e_3{}^2 + e_4{}^2 + e_5{}^2 + e_6{}^2 = T_1\, x_1{}^2 + T_2\, x_2{}^2 + T_3\, x_3{}^2 + T_4\, x_1\, x_2 +$$
$$+ T_5\, x_1\, x_3 + T_6\, x_2\, x_3 + T_7\, x_1 + T_8\, x_2 + T_9\, x_3 + T_{10}$$

(4.17)

em que os valores dos coeficientes T_1 a T_{10} são mostrados no Quadro 4.5.

Quadro 4.5   Valores dos coeficientes T_1 a T_{10} para a Eq. 4.17

$$T_1 = a_{11}{}^2 + a_{21}{}^2 + a_{31}{}^2 + a_{41}{}^2 + a_{51}{}^2 + a_{61}{}^2 + a_{14}{}^2 + a_{24}{}^2 + a_{34}{}^2 + a_{44}{}^2 + a_{54}{}^2 +$$
$$+ a_{64}{}^2 - 2\,(a_{11}\, a_{14} + a_{21}\, a_{24} + a_{31}\, a_{34} + a_{41}\, a_{44} + a_{51}a_{54} + a_{61}\, a_{64})$$

$$T_2 = a_{12}{}^2 + a_{22}{}^2 + a_{32}{}^2 + a_{42}{}^2 + a_{52}{}^2 + a_{62}{}^2 + a_{14}{}^2 + a_{24}{}^2 + a_{34}{}^2 + a_{44}{}^2 + a_{54}{}^2 +$$
$$+ a_{64}{}^2 - 2\,(a_{12}\, a_{14} + a_{22}\, a_{24} + a_{32}\, a_{34} + a_{42}\, a_{44} + a_{52}\, a_{54} + a_{62}\, a_{64})$$

$$T_3 = a_{13}{}^2 + a_{23}{}^2 + a_{33}{}^2 + a_{43}{}^2 + a_{53}{}^2 + a_{63}{}^2 + a_{14}{}^2 + a_{24}{}^2 + a_{34}{}^2 + a_{44}{}^2 + a_{54}{}^2 +$$
$$+ a_{64}{}^2 - 2\,(a_{13}\, a_{14} + a_{23}\, a_{24} + a_{33}\, a_{34} + a_{43}\, a_{44} + a_{53}\, a_{54} + a_{63}\, a_{64})$$

$$T_4 = 2\,[(a_{11}\, a_{12} + a_{21}\, a_{22} + a_{31}\, a_{32} + a_{41}\, a_{42} + a_{51}\, a_{52} + a_{61}\, a_{62}) + (a_{14}{}^2 + a_{24}{}^2 +$$
$$+ a_{34}{}^2 + a_{44}{}^2 + a_{54}{}^2 + a_{64}{}^2) - (a_{11}\, a_{14} + a_{21}\, a_{24} + a_{31}\, a_{34} + a_{41}\, a_{44} + a_{51}\, a_{54} +$$
$$+ a_{61}\, a_{64}) - (a_{12}\, a_{14} + a_{22}\, a_{24} + a_{32}\, a_{34} + a_{42}\, a_{44} + a_{52}\, a_{54} + a_{62}\, a_{64})]$$

$$T_5 = 2\,[(a_{11}\, a_{13} + a_{21}\, a_{23} + a_{31}\, a_{33} + a_{41}\, a_{43} + a_{51}\, a_{53} + a_{61}\, a_{63}) + (a_{14}{}^2 + a_{24}{}^2 +$$
$$+ a_{34}{}^2 + a_{44}{}^2 + a_{54}{}^2 + a_{64}{}^2) - (a_{11}\, a_{14} + a_{21}\, a_{24} + a_{31}\, a_{34} + a_{41}\, a_{44} + a_{51}\, a_{54} +$$
$$+ a_{61}\, a_{64}) - (a_{13}\, a_{14} + a_{23}\, a_{24} + a_{33}\, a_{34} + a_{43}\, a_{44} + a_{53}\, a_{54} + a_{63}\, a_{64})]$$

$$T_6 = 2\,[(a_{12}\, a_{13} + a_{22}\, a_{23} + a_{32}\, a_{33} + a_{42}\, a_{43} + a_{52}\, a_{53} + a_{62}\, a_{63}) + (a_{14}{}^2 + a_{24}{}^2 +$$
$$+ a_{34}{}^2 + a_{44}{}^2 + a_{54}{}^2 + a_{64}{}^2) - (a_{12}\, a_{14} + a_{22}\, a_{24} + a_{32}\, a_{34} + a_{42}\, a_{44} + a_{52}\, a_{54} +$$
$$+ a_{62}\, a_{64}) - (a_{13}\, a_{14} + a_{23}\, a_{24} + a_{33}\, a_{34} + a_{43}\, a_{44} + a_{53}\, a_{54} + a_{63}\, a_{64})]$$

$$T_7 = -2\,[(a_{11}\, r_1 + a_{21}\, r_2 + a_{31}\, r_3 + a_{41}\, r_4 + a_{51}\, r_5 + a_{61}\, r_6) + (a_{14}{}^2 + a_{24}{}^2 + a_{34}{}^2 +$$
$$+ a_{44}{}^2 + a_{54}{}^2 + a_{64}{}^2) - (a_{11}\, a_{14} + a_{21}\, a_{24} + a_{31}\, a_{34} + a_{41}\, a_{44} + a_{51}\, a_{54} +$$
$$+ a_{61}\, a_{64}) - (a_{14}\, r_1 + a_{24}\, r_2 + a_{34}\, r_3 + a_{44}\, r_4 + a_{54}\, r_5 + a_{64}\, r_6)]$$

$$T_8 = -2\,[(a_{12}\, r_1 + a_{22}\, r_2 + a_{32}\, r_3 + a_{42}\, r_4 + a_{52}\, r_5 + a_{62}\, r_6) + (a_{14}{}^2 + a_{24}{}^2 + a_{34}{}^2 +$$
$$+ a_{44}{}^2 + a_{54}{}^2 + a_{64}{}^2) - (a_{12}\, a_{14} + a_{22}\, a_{24} + a_{32}\, a_{34} + a_{42}\, a_{44} + a_{52}\, a_{54} +$$
$$+ a_{62}\, a_{64}) - (a_{14}\, r_1 + a_{24}\, r_2 + a_{34}\, r_3 + a_{44}\, r_4 + a_{54}\, r_5 + a_{64}\, r_6)]$$

$$T_9 = -2\,[(a_{13}\, r_1 + a_{23}\, r_2 + a_{33}\, r_3 + a_{43}\, r_4 + a_{53}\, r_5 + a_{63}\, r_6) + (a_{14}{}^2 + a_{24}{}^2 + a_{34}{}^2 +$$
$$+ a_{44}{}^2 + a_{54}{}^2 + a_{64}{}^2) - (a_{13}\, a_{14} + a_{23}\, a_{24} + a_{33}\, a_{34} + a_{43}\, a_{44} + a_{53}\, a_{54} +$$
$$+ a_{63}\, a_{64}) - (a_{14}\, r_1 + a_{24}\, r_2 + a_{34}\, r_3 + a_{44}\, r_4 + a_{54}\, r_5 + a_{64}\, r_6)]$$

$$T_{10} = r_1{}^2 + r_2{}^2 + r_3{}^2 + r_4{}^2 + r_5{}^2 + r_6{}^2 + a_{14}{}^2 + a_{24}{}^2 + a_{34}{}^2 + a_{44}{}^2 + a_{54}{}^2 + a_{64}{}^2 -$$
$$- 2\,(a_{14}\, r_1 + a_{24}\, r_2 + a_{34}\, r_3 + a_{44}\, r_4 + a_{54}\, r_5 + a_{64}\, r_6)$$

Agora, a abordagem para resolver esse problema é encontrar um mínimo dentro do volume definido pelos planos: (a) $0 \le x_1 \le a$, $0 \le x_2 \le b$, e $x_1/a + x_2/b = 1$; (b) $0 \le x_1 \le a$, $0 \le x_3 \le c$, e $x_1/a + x_3/c = 1$; (c) $0 \le x_2 \le b$, $0 \le x_3 \le c$, e $x_2/b + x_3/c = 1$; e (d) $x_1/a + x_2/b + x_3/c = 1$ (Spiegel, 1968), em que $a = b = c = 1$ (Fig. 4.3).

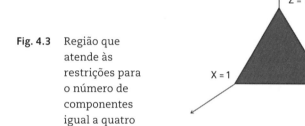

Fig. 4.3 Região que atende às restrições para o número de componentes igual a quatro

A função a ser minimizada é:

$$F = T_1 x_1^2 + T_2 x_2^2 + T_3 x_3^2 + T_4 x_1 x_2 + T_5 x_1 x_3 + T_6 x_2 x_3 + T_7 x_1 + T_8 x_2 + T_9 x_3 + T_{10} \quad (4.18)$$

Para achar o mínimo, as derivadas parciais são calculadas e igualadas a zero:

$$dF/dx_1 = 2T_1 x_1 + T_4 x_2 + T_5 x_3 + T_7 = 0$$
$$dF/dx_2 = 2T_2 x_2 + T_4 x_1 + T_6 x_3 + T_8 = 0$$
$$dF/dx_3 = 2T_3 x_3 + T_5 x_1 + T_6 x_2 + T_9 = 0$$

Resolvendo para x_1, x_2 e x_3, o sistema de equações lineares pode ser formulado como:

$$\begin{vmatrix} 2T_1 & T_4 & T_5 \\ T_4 & 2T_2 & T_6 \\ T_5 & T_6 & 2T_3 \end{vmatrix} \begin{vmatrix} x_1 \\ x_2 \\ x_3 \end{vmatrix} = \begin{vmatrix} -T_7 \\ -T_8 \\ -T_9 \end{vmatrix}$$

Usando um método numérico para resolver esse sistema de equações lineares (Burden; Faires; Reynolds, 1981; Conte; De Boor,

4 Modelo linear de mistura espectral   67

1980), o mínimo não restrito pode ser obtido. Desse modo, existem nove situações possíveis (Quadro 4.6).

Quadro 4.6 Situações possíveis para a solução do sistema de equações

Situação	x_1	x_2	x_3	Dentro da região	Valores a serem recalculados	x_4
1	Positivo	Positivo	Positivo	Sim		$1 - x_1 - x_2 - x_3$
2	Positivo	Positivo	Positivo	Não	x_1, x_2, x_3	0
3	Negativo	Positivo	Positivo	Não	$x_2, x_3 (x_1 = 0)$	$1 - x_2 - x_3$
4	Positivo	Negativo	Positivo	Não	$x_1, x_3 (x_2 = 0)$	$1 - x_1 - x_3$
5	Negativo	Negativo	Positivo	Não	$x_3 (x_1 = x_2 = 0)$	$1 - x_3$
6	Positivo	Positivo	Negativo	Não	$x_1, x_2 (x_3 = 0)$	$1 - x_1 - x_2$
7	Negativo	Positivo	Negativo	Não	$x_2 (x_1 = x_3 = 0)$	$1 - x_2$
8	Negativo	Negativo	Negativo	Não	$(x_1 = x_2 = x_3 = 0)$	1
9	Positivo	Negativo	Negativo	Não	$x_1 (x_2 = x_3 = 0)$	$1 - x_1$

O procedimento para calcular os valores de x_1, x_2, x_3 e, consequentemente, x_4 é como se segue:

- Situação 1: $0 \le x_1 \le 1$, $0 \le x_2 \le 1$, $0 \le x_3 \le 1$, e $x_1 + x_2 + x_3 \le 1$, isto é, o mínimo está dentro da região de interesse. Assim, essa é a solução final e $x_4 = 1 - (x_1 + x_2 + x_3)$.
- Situação 2: o mínimo está fora da região de interesse e x_1, x_2 e x_3 são positivos. Nesse caso, o problema é encontrar o mínimo no plano definido por $x_1 + x_2 + x_3 = 1$, isto é, $x_4 = 0$. Então, x_3 pode ser substituído por $(1 - x_1 - x_2)$ e a função a ser minimizada torna-se:

$$F = U_1\, x_1^{\,2} + U_2\, x_2^{\,2} + U_3\, x_1\, x_2 + U_4\, x_1 + U_5\, x_2 + U_6 \qquad (4.19)$$

em que:

$U_1 = T_1 + T_3 - T_5;$

$U_2 = T_2 + T_3 - T_6;$

$U_3 = 2T_3 + T_4 - T_5 - T_6;$

$U_4 = T_5 + T_7 - T_9 - 2T_3;$

$U_5 = T_6 + T_8 - T_9 - 2T_3;$

$U_6 = T_3 + T_9 + T_{10}.$

68 MISTURA ESPECTRAL

A função a ser minimizada é similar à do caso de três componentes apresentado anteriormente. Então, x_1 e x_2 são calculados conforme o procedimento exibido e $x_3 = 1 - x_1 - x_2$ e $x_4 = 0$.

- *Situação 3*: o mínimo está fora da região de interesse, x_2 e x_3 são positivos e x_1 é negativo. Nesse caso, fazendo $x_1 = 0$, a função a ser minimizada torna-se:

$$F = U_1 x_2^2 + U_2 x_3^2 + U_3 x_2 x_3 + U_4 x_2 + U_5 x_3 + U_6 \qquad \textbf{(4.20)}$$

em que:

$U_1 = T_2;$

$U_2 = T_3;$

$U_3 = T_6;$

$U_4 = T_8;$

$U_5 = T_9;$

$U_6 = T_{10}.$

A função a ser minimizada é similar à do caso de três componentes apresentado anteriormente. Então, x_2 e x_3 são calculados conforme o procedimento exibido e $x_4 = 1 - x_2 - x_3$ e $x_1 = 0$.

- *Situação 4*: o mínimo está fora da região de interesse, x_1 e x_3 são positivos e x_2 é negativo. Nesse caso, fazendo $x_2 = 0$, a função a ser minimizada torna-se:

$$F = U_1 x_1^2 + U_2 x_3^2 + U_3 x_1 x_3 + U_4 x_1 + U_5 x_3 + U_6 \qquad \textbf{(4.21)}$$

em que:

$U_1 = T_1;$

$U_2 = T_3;$

$U_3 = T_5;$

$U_4 = T_7;$

$U_5 = T_9;$

$U_6 = T_{10}.$

4 Modelo linear de mistura espectral 69

A função a ser minimizada é similar à do caso de três componentes apresentado anteriormente. Então, x_1 e x_3 são calculados conforme o procedimento exibido e $x_4 = 1 - x_1 - x_3$ e $x_2 = 0$.

- Situação 5: o mínimo está fora da região de interesse, x_1 e x_2 são negativos e x_3 é positivo. Nesse caso, fazendo $x_1 = x_2 = 0$, a função a ser minimizada torna-se:

$$F = T_3 \, x_3^2 + T_9 \, x_3 + T_{10} \tag{4.22}$$

E, para encontrar o mínimo:

$$dF/dx_3 = 2T_3 \, x_3 + T_9 = 0$$

Então:

$$x_3 = -T_9/2T_3$$

Se x_3 estiver no intervalo entre 0 e 1, então essa é a solução final. Se x_3 for maior do que 1, fazer $x_3 = 1$, ou, se x_3 for menor do que 0, fazer $x_3 = 0$ e $x_4 = 1 - x_3$.

- Situação 6: o mínimo está fora da região de interesse, x_1 e x_2 são positivos e x_3 é negativo. Nesse caso, fazendo $x_3 = 0$, a função a ser minimizada torna-se:

$$F = U_1 \, x_1^2 + U_2 \, x_2^2 + U_3 \, x_1 \, x_2 + U_4 \, x_1 + U_5 \, x_2 + U_6 \tag{4.23}$$

em que:

$U_1 = T_1$;
$U_2 = T_2$;
$U_3 = T_4$;
$U_4 = T_7$;
$U_5 = T_8$;
$U_6 = T_{10}$.

70 MISTURA ESPECTRAL

A função a ser minimizada é similar à do caso de três componentes apresentado anteriormente. Então, x_1 e x_2 são calculados conforme o procedimento exibido e $x_4 = 1 - x_1 - x_2$ e $x_3 = 0$.

- *Situação 7*: o mínimo está fora da região de interesse, x_2 é positivo e x_1 e x_3 são negativos. Nesse caso, fazendo $x_1 = x_3 = 0$, a função a ser minimizada torna-se:

$$F = T_2\, x_2^{\,2} + T_8\, x_2 + T_{10} \qquad \text{(4.24)}$$

E, para encontrar o mínimo:

$$dF/dx_2 = 2T_2\, x_2 + T_8 = 0$$

Então:

$$x_1 = -T_7/2T_1$$

Se x_2 estiver no intervalo entre 0 e 1, então essa é a solução final. Se x_2 for maior do que 1, fazer $x_2 = 1$, ou, se x_2 for menor do que 0, fazer $x_2 = 0$ e $x_4 = 1 - x_2$.

- *Situação 8*: o mínimo está fora da região de interesse e x_1, x_2 e x_3 são negativos. Nesse caso, fazendo $x_1 = x_2 = x_3 = 0$, então $x_4 = 1$.
- *Situação 9*: o mínimo está fora da região de interesse, x_1 é positivo e x_2 e x_3 são negativos. Nesse caso, fazendo $x_2 = x_3 = 0$, a função a ser minimizada torna-se:

$$F = T_1\, x_1^{\,2} + T_7\, x_1 + T_{10} \qquad \text{(4.25)}$$

E, para encontrar o mínimo:

$$dF/dx_1 = 2T_1\, x_1 + T_7 = 0$$

Então:

$$x_1 = -T_7/2T_1$$

Se x_1 estiver no intervalo entre 0 e 1, então essa é a solução final.

4 Modelo linear de mistura espectral 71

Se x_1 for maior do que 1, fazer $x_1 = 1$, ou, se x_1 for menor do que 0, fazer $x_1 = 0$ e $x_4 = 1 - x_1$.

4.1.4 Mínimos quadrados ponderados (weighted least squares – WLS)

Considere-se o ajuste de curva dos dados com uma curva tendo a forma:

$$R = f(A, x_1, x_2, ..., x_n) = x_1 f(A) + x_2 f(A) + ... + x_n f(A) \qquad (4.26)$$

em que a variável dependente R é linear com respeito às constantes $x_1, x_2, ..., x_n$. Embora existam muitas ramificações e abordagens para o ajuste de curvas, o método de mínimos quadrados pode ser aplicado a uma ampla variedade de problemas de ajuste de curvas envolvendo formas lineares com constantes indeterminadas. As constantes são determinadas minimizando a soma dos erros (resíduos) ao quadrado. A solução obtida por esse método é matematicamente possível, mas um exemplo do que se mencionou ser fisicamente inaceitável (algumas restrições estão envolvidas: as constantes não devem ser negativas e devem somar 1). Então, torna-se um problema de mínimos quadrados com restrição, e as equações de restrições devem ser adicionadas. Para resolver esse problema, é necessário aplicar os conceitos de mínimos quadrados ponderados.

Algumas vezes, as informações obtidas em um experimento podem ser mais precisas do que as provenientes de outras fontes de informação do mesmo experimento. Em outros casos, é conveniente usar algumas informações adicionais (conhecimento prévio) para tornar a solução fisicamente relevante. Em tais casos, pode ser desejável dar um "peso" maior para aquelas informações que são consideradas mais acuradas ou mais importantes para o problema. Ponderar certas informações (por exemplo, informações adicio-

72 MISTURA ESPECTRAL

nais) é desejável para trazer a solução próxima do significado físico, obtendo então uma solução aceitável.

Nesse caso, $x_1 + x_2 + ... + x_n = 1$ e $0 \le x_1, x_2, ..., x_n \le 1$ são as condições que devem ser satisfeitas para obter uma solução aceitável. Então, $n + 1$ equações são adicionadas ao sistema da Eq. 4.8: uma correspondendo à condição de soma das proporções igual a 1 ($x_1 + x_2 + ... + x_n = 1$) e outras n correspondendo à condição de que as proporções não devem ser negativas ($x_j \le 1, j = 1, 2, ..., n$). Para resolver esse problema, quando as restrições não são atendidas, é aplicada uma matriz diagonal W contendo valores de pesos associados com o sistema de equações a ser resolvido. Inicialmente os m primeiros valores atribuídos iguais a 1, ao longo da matriz diagonal W, significam que as equações são igualmente importantes para a solução do problema. O valor muito alto atribuído na sequência da diagonal, correspondente à primeira restrição (somatória de $x_j = 1$), indica que essa equação deve ser rigorosamente satisfeita. Assim, se os valores de x_j's são satisfeitos, isto é, se estão no intervalo entre 0 e 1, então a solução final foi encontrada. Caso contrário, é necessário usar um processo iterativo para trazer todos os x_j's para dentro do intervalo entre 0 e 1. Isso é realizado pelo aumento gradativo dos pesos, que inicialmente são zeros, correspondentes às n últimas equações relativas à restrição de que as proporções não devem ser negativas. A solução para esse problema é encontrada minimizando a quantidade: $W_1 e_1^2 + W_2 e_2^2 + ... + W_{(m+n+1)} e_{(m+n+1)}^2$, em que W_1, W_2 etc. são os fatores de peso e e_1, e_2 etc. são os valores de resíduos para cada equação.

A implementação desse método se baseia na eliminação de Gauss e no algoritmo de substituição (*forward* e *backward*), descritos em livros-texto de análise numérica, como Burden, Faires e Reynolds (1981).

4.1.5 Principais componentes

Dada uma imagem constituída por um número de *pixels* com medidas em um número de bandas espectrais, é possível mode-

4 Modelo linear de mistura espectral 73

lar cada resposta espectral de cada *pixel* como uma combinação linear de um número finito de componentes.

$$dn_1 = f_1 e_{1,1} + ... + f_n e_{1,n} \qquad \text{banda 1}$$
$$dn_2 = f_1 e_{2,1} + ... + f_n e_{2,n} \qquad \text{banda 2}$$
$$...$$
$$dn_p = f_1 e_{p,1} + ... + f_n e_{p,n} \qquad \text{banda p}$$

em que:

dn_j = ND para a banda i do *pixel*;

$e_{i,j}$ = componente puro dn do componente puro j, banda i;

f_j = fração desconhecida do componente puro j;

n = número de componentes puros;

p = número de bandas.

Isso deixa a equação matriz:

$$dn = e\, f \qquad \text{(4.27)}$$

Uma restrição linear é adicionada, pois a soma das frações de qualquer *pixel* deve ser igual a 1; deve-se, portanto, aumentar o vetor dn com um adicional 1, e a matriz e com uma linha de valores 1. Isso deixa um conjunto de $p + 1$ equações em n desconhecidos. Como o número de componentes puros é geralmente menor do que o número de bandas espectrais, as equações são possíveis indeterminadas e podem ser resolvidas por quaisquer outras técnicas. A solução descrita usa análise de componentes principais (*principal component analysis*, PCA) para reduzir a dimensionalidade do conjunto de dados. A matriz do componente puro é transformada em espaço de PCA utilizando o número apropriado de autovetores, os dados do *pixel* são transformados em espaço de PCA, as soluções são encontradas, e as frações resultantes são guardadas.

O método de mínimos quadrados ponderados e o método de principais componentes são recomendados para os casos em que o número de componentes na mistura espectral for maior do que três.

74 Mistura espectral

4.2 Escolha dos *endmembers*

Para gerar as imagens-fração, é necessário escolher os componentes puros (*endmembers*) para aplicar qualquer algoritmo matemático disponível. Explicitamente definido, o *endmember* é justamente um componente que faz parte da mistura espectral. Dessa maneira, deve-se escolher os *endmembers* que fazem sentido para a interpretação da imagem considerada e também que atendam aos critérios da fração de acordo com as equações da mistura já apresentadas anteriormente. Algumas vezes pode-se escolher facilmente esses *endmembers* porque já se conhecem os alvos presentes na área a ser estudada. Isso é verdade para áreas que estão sendo estudadas há algum tempo, por exemplo, quando estão sendo monitoradas as mudanças no ambiente. Por outro lado, é necessário fazer experimentos para encontrar os *endmembers* adequados sempre que as cenas sejam desconhecidas ou quando se precisa extrair informações especificadas das imagens.

Existem duas maneiras de encontrar os *endmembers*: diretamente das imagens e por meio de coleções de dados obtidos em laboratório e/ou em campo. *Endmembers* derivados das imagens são chamados de *image endmembers*, ao passo que aqueles selecionados de dados de laboratório e/ou em campo são chamados de *reference endmembers*. O mais conveniente é selecionar os *endmembers* diretamente das imagens sendo estudadas pela simples razão de que o espectro do *endmember* extraído da imagem pode ser usado sem a calibração das imagens. Nesse caso, espectros obtidos em laboratório ou em campo apresentam valores de fatores de refletância. Como visto anteriormente, as imagens orbitais são, a princípio, disponibilizadas compostas de NDs. Dessa forma, os *reference endmembers* (fatores de refletância) estariam em escala ou unidade de medida diferente daquela adotada pelas imagens (NDs), o que inviabilizaria a aplicação do modelo de mistura. O procedimento correto, então,

4 Modelo linear de mistura espectral   75

seria converter os NDs das imagens em fatores de refletância de superfície, com correção atmosférica, para que houvesse compatibilidade na unidade dos dois conjuntos de dados. *Image endmembers*, embora convenientes por não precisarem de calibração, nem sempre funcionam em modelos de mistura. Para eles funcionarem bem, é necessária uma boa relação entre a escala do *pixel* no terreno e a escala na qual os materiais ocorrem relativamente puros no terreno. No melhor caso, pode-se utilizar *image endmember* se uma imagem apresentar pelo menos alguns *pixels* inteiramente ocupados por um material puro no terreno.

Conclui-se de modo mais ou menos intuitivo que a definição do número e a escolha dos *endmembers* a serem considerados são essenciais para o sucesso da aplicação do modelo de mistura. Apesar disso, sabe-se que, no mundo real, o terreno pode ser espectralmente complexo. Uma razão para que as imagens de cenas no terreno possam ser bem modeladas por espectros de poucos *endmembers* deve-se ao fato de alguns dos potenciais *endmembers* se apresentarem em pequenas proporções em comparação com os *endmembers* considerados na mistura. Dessa maneira, a determinação do número de *endmembers* é feita pela definição dos vértices de uma figura geométrica que englobam as respostas espectrais dos *pixels* da cena. Por exemplo, no caso de três *endmembers*, a figura geométrica é um triângulo no plano bidimensional formado por duas bandas espectrais (em geral, para a cobertura da terra, banda espectral no vermelho e no infravermelho próximo do espectro eletromagnético) (Fig. 4.4). Os *endmembers* serão aqueles em que as respostas espectrais estão mais próximas dos vértices da figura geométrica formada.

Agora, caso se decida pelo uso de *image endmembers*, haverá imagens-fração com a proporção de 100% (*pixel* puro), ao passo que, caso se utilizem *reference endmembers*, dificilmente haverá qualquer *pixel* puro nas imagens-fração resultantes.

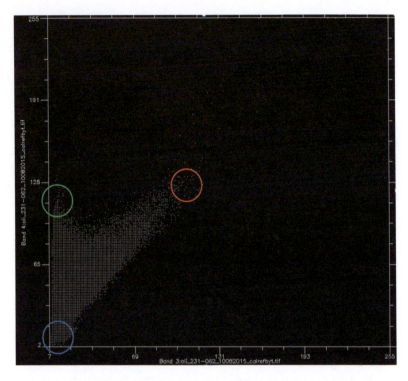

Fig. 4.4 Exemplo da dispersão de *pixels* de uma imagem no gráfico formado pelas bandas do vermelho e do infravermelho próximo, mostrando os potenciais *endmembers* de vegetação (verde), solo (vermelho) e sombra/água (azul)

IMAGENS-FRAÇÃO

As imagens-fração são os produtos gerados da aplicação dos algoritmos matemáticos descritos anteriormente. Elas representam as proporções dos componentes na mistura espectral. Em geral, todos os algoritmos produzem o mesmo resultado, isto é, geram as mesmas imagens-fração quando as equações de restrição não são utilizadas, ou seja, as proporções estão no intervalo de 0 a 1. Normalmente são geradas as imagens-fração vegetação, solo e sombra/água, que são os alvos geralmente presentes em qualquer cena terrestre. As imagens-fração podem ser consideradas uma forma de redução da dimensionalidade dos dados e também uma forma de realce das informações. Além disso, o modelo de mistura espectral transforma a informação espectral em informação física (valores de proporção dos componentes no *pixel*; não confundir com outro tipo de transformação que converte dados espectrais ou radiométricos em grandezas físicas como radiância ou refletância).

A imagem-fração vegetação realça as áreas de cobertura vegetal, a imagem-fração solo realça as áreas de solo exposto e a imagem-fração sombra/água realça as áreas ocupadas com corpos d'água, como rios e lagos, e também as áreas de queimadas, as áreas alagadas etc. A sombra e a água são consideradas em conjunto porque esses dois alvos apresentam respostas semelhantes nas faixas espectrais normalmente utilizadas por sensores de observação da Terra. Dessa maneira, é importante lembrar que o modelo de mistura espectral não é um classificador, mas sim uma

78 MISTURA ESPECTRAL

técnica de transformação de imagens para facilitar a extração de informações.

Para a geração das imagens-fração, as respostas espectrais dos componentes puros (*endmembers*) são consideradas conhecidas, ou seja, podem ser obtidas diretamente das imagens (*image endmember*) ou de bibliotecas espectrais disponíveis (*reference endmember*). A Fig. 5.1 mostra um exemplo das respostas espectrais dos componentes vegetação, solo e sombra/água utilizadas para gerar imagens-fração em uma cena composta de imagens do sensor OLI/ Landsat 8 adquiridas da órbita 231/ponto 062, na qual se encontra inserida a região de Manaus (AM). Nesse caso, foram utilizadas as imagens de todas as bandas – 1 (0,43-0,45 µm), 2 (0,45-0,51 µm), 3 (0,53-0,59 µm), 4 (0,64-0,67 µm), 5 (0,85-0,88 µm), 6 (1,57-1,65 µm) e 7 (2,11-2,29 µm) –, que foram previamente convertidas em valores de refletância aparente. Vale lembrar que essa análise poderia ser realizada utilizando esses valores de refletância aparente ou de superfície ou mesmo NDs.

Obviamente o usuário deverá levar em consideração o tipo de dado com o qual está trabalhando, em especial na escolha dos *endmembers*. Profissionais mais familiarizados com a análise de curvas de refletância de diferentes recursos naturais provavelmente sentirão maior facilidade na escolha de *endmembers* quando estiverem trabalhando com imagens convertidas em valores de refletância de superfície, uma vez que a forma das curvas lhes informará muito sobre a natureza dos *pixels* escolhidos como puros. Isso não significa que não sejam capazes de efetuar boas escolhas trabalhando com imagens compostas de NDs. Nesse caso, a forma das curvas não seria muito útil, mas isso não interferiria no desempenho do modelo de mistura.

Após a aplicação do modelo de mistura, são geradas novas imagens, compostas então de números que representam as proporções de um determinado componente dentro de cada *pixel*. A título de exemplo, a Fig. 5.2A mostra uma composição colorida (R6 G5 B4) elaborada com base em imagens do sensor OLI/Landsat 8, ao passo que as Figs. 5.2B-G apresentam as correspondentes imagens das bandas 2 a 7.

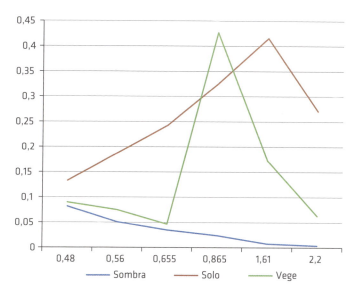

Fig. 5.1 Resposta espectral dos componentes vegetação (cor verde), solo (cor vermelha) e sombra/água (cor azul)

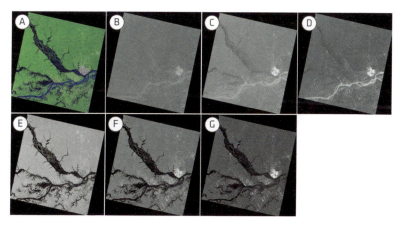

Fig. 5.2 (A) Composição colorida (R6 G5 B4) do OLI/Landsat 8 para a imagem 231/062; (B) banda 2; (C) banda 3; (D) banda 4; (E) banda 5; (F) banda 6; (G) banda 7

A Fig. 5.3A exibe uma composição colorida das imagens-
-fração (Rsolo Gvege Bsombra/água) derivadas do sensor OLI/
Landsat 8 para a região de Manaus (AM). As correspondentes
imagens-fração solo, vegetação e sombra/água são apresentadas
nas Figs. 5.3B-D.

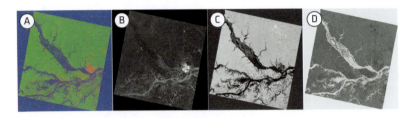

Fig. 5.3 (A) Composição colorida (R5 G4 B3) das imagens-fração para a região de Manaus (AM) e imagens-fração (B) solo, (C) vegetação e (D) sombra/água

Na imagem-fração vegetação apresentada na Fig. 5.3C, observa-se que os *pixels* mais claros são aqueles que, ao menos em tese, possuem maior quantidade de vegetação, enquanto os corpos d'água apresentam-se escuros exatamente por não terem qualquer porcentagem de cobertura vegetal. Análise análoga pode ser feita com as imagens dos demais componentes. Por exemplo, na imagem-fração solo (Fig. 5.3B), os *pixels* mais claros são aqueles que apresentam os menores índices de cobertura vegetal ou são menos sombreados.

A Fig. 5.4A mostra uma composição colorida (R6 G2 B1) das bandas 1 (vermelho), 2 (infravermelho próximo) e 6 (infravermelho médio) do sensor Modis/Terra para a região oeste do Estado de São Paulo. As correspondentes imagens-fração vegetação, solo e sombra/água são apresentadas nas Figs. 5.4B-D.

A Fig. 5.5A exibe uma composição colorida (R6 G5 B4) das bandas 4 (vermelho), 5 (infravermelho próximo) e 6 (infravermelho médio) do sensor OLI/Landsat 8 para parte da imagem 226/068, no Estado de Mato Grosso, ao passo que as Figs. 5.5B-D apresentam as correspondentes imagens-fração vegetação, solo e sombra/água.

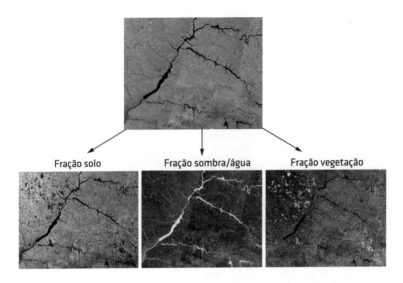

Fig. 5.4 (A) Composição colorida (R6 G2 B1) do Modis/Terra para a região oeste do Estado de São Paulo e imagens-fração (B) solo, (C) sombra/água e (D) vegetação

Observa-se que as imagens-fração são monocromáticas (tons de cinza), estando os NDs que as compõem diretamente associados às proporções (abundância) de cada um dos respectivos componentes da cena selecionados para o modelo de mistura espectral. Assim, quanto maior o valor de ND em uma imagem-fração vegetação (Fig. 5.5B), maior a proporção de vegetação no pixel correspondente (verde-claro na Fig. 5.5A). A mesma interpretação é válida para as imagens dos demais componentes: quanto maior o valor de ND em uma imagem-fração solo (Fig. 5.5C), maior a proporção de solo no pixel correspondente (magenta na Fig. 5.5A), e, quanto maior o valor de ND em uma imagem-fração sombra/água (Fig. 5.5D), maior a proporção de água ou queimadas no pixel correspondente (magenta-escuro ou preto na Fig. 5.5A).

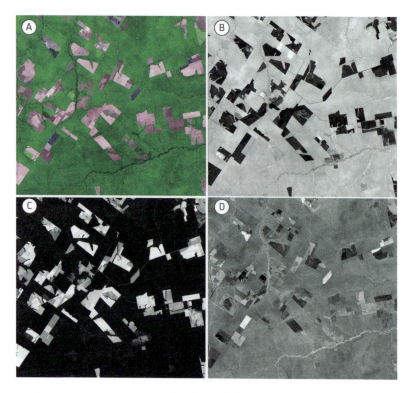

Fig. 5.5 (A) Composição colorida (R6 G5 B4) do OLI/Landsat 8 para parte da imagem 226/068, no Estado de Mato Grosso, e imagens-fração (B) vegetação, (C) solo e (D) sombra/água

A literatura apresenta uma grande quantidade de trabalhos sobre a utilização do modelo linear de mistura espectral em várias regiões ao redor do mundo, mostrando que essa técnica é consistente. Além disso, as imagens-fração geradas por esse modelo estão sendo usadas em diferentes áreas de aplicação, tais como floresta, agricultura, uso da terra, água e áreas urbanas.

Conforme pode ser visto, a proporção de cada *endmember* pode ser mostrada para cada *pixel*, criando uma imagem passível de fotointerpretação. As Figs. 5.3 a 5.5 mostram as proporções de cada *endmember* representadas em níveis de cinza. As imagens-fração são derivadas com base nas informações de todas as bandas multies-

5 Imagens-fração

pectrais utilizadas. Dessa maneira, para cada tipo de aplicação, pode-se limitar o número de bandas a serem empregadas – por exemplo, para a análise de áreas desmatadas na Amazônia, são suficientes apenas três bandas: vermelho, infravermelho próximo e infravermelho médio.

Portanto, a conversão dos dados espectrais em imagens-fração por meio do modelo linear de mistura espectral pode resultar em uma redução significativa na dimensionalidade dos dados a serem analisados. Por exemplo, é possível utilizar várias bandas dos sensores – seis bandas do TM, sete bandas do Modis, 242 bandas do Hyperion – na geração de um pequeno número de imagens-fração (normalmente, três ou quatro *endmembers*).

Como foi apresentado, as respostas espectrais dos *endmembers* são conhecidas (*image endmember* ou *reference endmember*) e, portanto, as imagens-fração (proporção dos *endmembers*) foram obtidas das imagens originais em que são conhecidas as respostas espectrais dos *pixels*. Agora, uma vez conhecidas as proporções das imagens-fração e as respostas espectrais dos *endmembers*, pode-se recuperar as respostas espectrais dos *pixels* em cada uma das bandas espectrais utilizadas. Esse procedimento permite avaliar o desempenho dos modelos na geração das imagens-fração por meio da formação das imagens de erro, que serão apresentadas na próxima seção.

Os tons de cinza nas imagens-fração são mais claros com a maior proporção do *endmember* no *pixel*. A mesma convenção é adotada para a imagem de erro associada ao modelo. A escolha da convenção é arbitrária, de modo que algumas vezes, para ajudar na visualização dos padrões, pode-se inverter os tons da imagem. Por exemplo, no caso da imagem de sombra/água, geralmente é mais intuitivo quando os tons são invertidos, de maneira que tons escuros indicam menos iluminação. As imagens-fração podem ser também apresentadas em composições coloridas (RGB) selecionando três imagens correspondentes aos *endmembers*.

84 MISTURA ESPECTRAL

Nesse caso, o contraste de imagem pode ser aplicado para a visualização dos padrões, mas distorce os valores das proporções para uso quantitativo.

Para analisar uma imagem-fração individualmente, é mais efetivo apresentar as maiores proporções dos *endmembers* em tons de cinza mais claros, para realçar o alvo de interesse. No caso de considerar três *endmembers* como vegetação, solo e sombra/água, a imagem-fração vegetação realça a cobertura vegetal de modo proporcional ao vigor da vegetação, a imagem--fração solo realça as áreas sem cobertura vegetal e a imagem-fração sombra/água realça as áreas ocupadas por corpos d'água e as áreas queimadas.

5.1 IMAGENS DE ERRO

Como mencionado anteriormente, com base no modelo de mistura espectral é possível calcular o erro para cada uma das bandas espectrais e gerar as imagens de erro correspondentes, uma vez que a resposta dos componentes e as suas proporções são conhecidas. Essa é uma maneira de avaliar o desempenho do modelo utilizado, isto é, quando o modelo é adequado, as imagens de erro apresentam um aspecto sem padrão. Caso exista um componente que não foi considerado na mistura, ele será realçado nas imagens de erro das bandas espectrais empregadas.

Pode-se escrever o modelo de mistura como descrito anteriormente:

$$r_1 = a_{11}\, x_1 + a_{12}\, x_2 + \ldots + a_{1n}\, x_n + e_1$$
$$r_2 = a_{21}\, x_1 + a_{22}\, x_2 + \ldots + a_{2n}\, x_n + e_2$$
$$\vdots$$
$$r_m = a_{m1}\, x_1 + a_{m2}\, x_2 + \ldots + a_{mn}\, x_n + e_m$$

ou

$$r_i = \sum(a_{ij}\,x_j) + e_i \qquad (5.1)$$

Então os erros para cada banda podem ser obtidos por:

$$e_1 = r_1 - (a_{11}\,x_1 + a_{12}\,x_2 + \dots + a_{1n}\,x_n)$$
$$e_2 = r_2 - (a_{21}\,x_1 + a_{22}\,x_2 + \dots + a_{2n}\,x_n)$$

$$e_m = r_m - (a_{m1}\,x_1 + a_{m2}\,x_2 + \dots + a_{mn}\,x_n)$$

ou

$$e_i = r_i - \sum(a_{ij}\,x_j) \qquad (5.2)$$

em que:

r_i = refletância espectral média para a i-ésima banda espectral;

a_{ij} = refletância espectral do j-ésimo componente no pixel para a i-ésima banda espectral;

x_j = valor de proporção do j-ésimo componente no pixel;

e_i = erro para a i-ésima banda espectral;

e_j = 1,2, ..., n (n = número de componentes assumidos para o problema);

e_i = 1,2, ..., m (m = número de bandas espectrais para o sistema sensor).

As imagens de erro normalmente apresentam valores baixos de acordo com a acurácia dos modelos empregados. Dessa maneira, essas imagens são utilizadas para avaliar a qualidade dos modelos definidos, ou seja, se o número de componentes é adequado para a cena analisada. Caso exista algum componente não representado na mistura, ele estará realçado nessas imagens de erro.

As Figs. 5.6 e 5.7 apresentam um exemplo de avaliação do modelo de mistura espectral utilizando uma imagem OLI/Landsat 8 obtida sobre uma área do Estado de Mato Grosso (órbita 226/ponto 068).

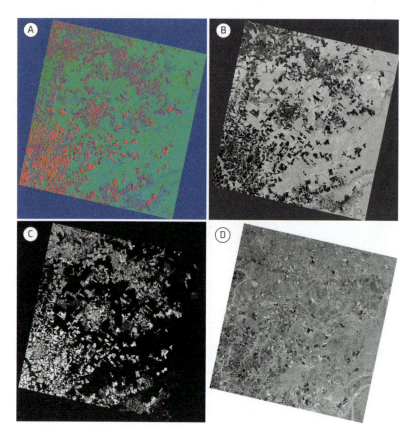

Fig. 5.6 (A) Composição colorida das imagens-fração (Rsolo Gvege Bsombra/água) para a imagem OLI/Landsat 8 228/068, no Estado de Mato Grosso, e imagens-fração (B) vegetação, (C) solo e (D) sombra/água

Nesse exemplo, considerando todas as bandas, o erro médio foi de 6,109, ao passo que o erro por banda distribuiu-se do seguinte modo: 9,420 na banda 2, 11,601 na banda 3, 7,152 na banda 4, 1,404 na banda 5, 4,338 na banda 6 e 2,739 na banda 7.

5 Imagens-fração 87

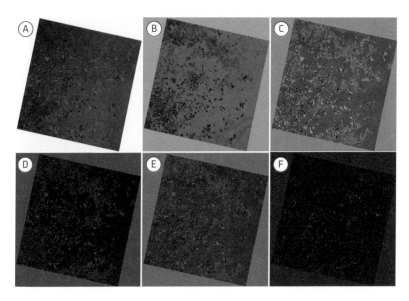

Fig. 5.7 Imagens de erro: (A) banda 2; (B) banda 3; (C) banda 4; (D) banda 5; (E) banda 6; (F) banda 7

APLICAÇÃO DE
IMAGENS-FRAÇÃO

Este capítulo tem como objetivo apresentar alguns exemplos do uso das imagens-fração derivadas do modelo linear de mistura espectral em projetos de monitoramento ambiental. As imagens-fração, por suas características descritas anteriormente (redução de dados e realce), têm contribuído para que projetos de larga escala que utilizam uma quantidade grande de imagens possam ser desenvolvidos.

6.1 Monitoramento de desmatamento

O desmatamento na Amazônia Legal (AML) tem sido uma preocupação de vários órgãos governamentais e não governamentais, especialmente durante as últimas três décadas (Moran, 1981; Skole; Tucker, 1993). Embora não haja uma longa história da ocupação humana na AML, quase 90% do desmatamento para pastagem e agricultura ocorreu entre o período de 1970 a 1988, como indicado por estimativas baseadas em imagens de satélite (Skole et al., 1994).

Historicamente, o território brasileiro foi ocupado ao longo da linha da costa, com a maioria de sua população concentrada nessa região. Na tentativa de mudar esse padrão de ocupação aumentando o assentamento no interior do país, a capital federal foi transferida da costa, no Rio de Janeiro, para a região central, em Brasília, em meados de 1950 (Mahar, 1988). Essa política de ocupação necessitou de investimentos de infraestrutura para conectar Brasília com as outras regiões do país. A construção da rodovia Belém-Brasília (BR-010), em 1958, foi o fator preponderante que desencadeou as

90 MISTURA ESPECTRAL

principais atividades de desmatamento na AML (Moran et al., 1994; Nepstad et al., 1997). Eventos subsequentes, tais como a construção da BR-364, cortando os Estados de Mato Grosso, Rondônia e Acre, e da PA-150, no Estado do Pará, incentivaram ainda mais as atividades de desmatamento, convertendo florestas em áreas de pastagem e agricultura (Moran, 1993).

Para introduzir a governança na AML, a Superintendência do Desenvolvimento da Amazônia (Sudam) e o Banco da Amazônia (Basa) foram fundados em 1966. Os pequenos produtores foram financiados para incentivar os investimentos em projetos de agricultura (Moran et al., 1994). Grandes produtores também foram financiados por meio de incentivos fiscais em troca da conversão da floresta em áreas de pastagem (Moran, 1993). Os incentivos concedidos aos grandes produtores foram as principais causas do desmatamento; os pequenos produtores tiveram um impacto menor sobre o desmatamento devido às práticas comparativamente de menor dimensão da agricultura de subsistência (Fearnside, 1993).

Outras atividades com alto valor econômico, como a mineração e a exploração seletiva de madeira, também contribuíram para o desmatamento na AML (Cochrane et al., 1999). As áreas de desmatamento na AML brasileira têm-se concentrado no chamado arco do desmatamento, localizado nas partes sul e leste da AML, desde o Acre até o Maranhão (Cochrane et al., 1999; Achard et al., 2002).

6.1.1 Programa de monitoramento da Amazônia Legal brasileira

Desde 1973 o Brasil tem acesso a imagens de sensoriamento remoto da série dos satélites Landsat, que permitem quantificar a extensão de recursos naturais e a modificação da região amazônica. Com base na disponibilidade dessas imagens, o governo brasileiro iniciou o monitoramento da floresta amazônica para quantificar o desmatamento em intervalos de vários anos.

O governo brasileiro tem realizado o monitoramento anual da floresta amazônica desde 1988, usando imagens geradas pelo programa Landsat por meio do projeto Prodes (Monitoramento da Floresta Amazônica Brasileira por Satélite), realizado pelo Inpe. Sendo o maior projeto de sensoriamento remoto do mundo para o monitoramento de atividades de desmatamento em florestas tropicais, o Prodes tem o objetivo de levantar todas as áreas desmatadas dentro dos cinco milhões de quilômetros quadrados da AML brasileira, cobertos por aproximadamente 229 cenas TM/Landsat (Fig. 6.1).

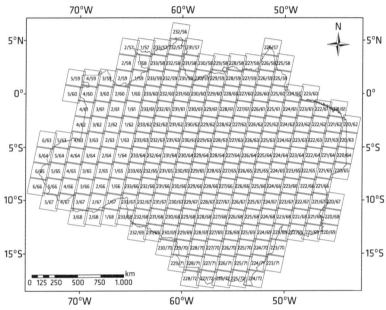

Fig. 6.1 Amazônia Legal brasileira, coberta por 229 imagens TM ou ETM+ para a estimativa anual de desmatamento
Fonte: Inpe (2002).

Esse projeto quantificou aproximadamente 750.000 km² de desmatamento na Amazônia brasileira até o ano de 2010, um total que responde por aproximadamente 17% da extensão original de floresta. Dados provenientes dele revelaram taxas anuais de desmatamento que variaram significativamente em resposta às condições políticas, econômicas e financeiras do país, bem como às exigências do mercado estrangeiro.

As informações do Prodes são baseadas principalmente em imagens de sensores com resolução espacial média (30 m), como aquelas geradas pelo programa Landsat, e com relativamente baixa resolução temporal (repetição de 16 dias), permitindo o monitoramento anual do desmatamento. Uma atualização mais rápida da mudança florestal não é possível com essas imagens devido à baixa frequência de aquisição de imagens livre de cobertura de nuvens, o que constitui um grave problema para a região amazônica, limitando o número de observações viáveis da superfície terrestre. Esse fato impede que o governo e as agências de controle do meio ambiente façam intervenções rápidas e adequadas para interromper as atividades de desmatamento ilegal.

Monitorar o desmatamento em tempo real é possível usando as imagens quase diárias do sensor Modis, a bordo das plataformas Terra e Aqua. Assim, por meio do projeto Deter (Detecção de Desmatamento em Tempo Real), uma nova metodologia com base em imagens Modis foi desenvolvida para a detecção rápida do desmatamento na Amazônia (Shimabukuro et al., 2006). Enquanto o Modis é um sensor de resolução espacial moderada e não gera imagens viáveis para a estimativa da área de desmatamento, os dados Modis podem ser valiosos como indicadores de mudança ou como produto de alarme no serviço de políticas de manejo e de fiscalização da superfície terrestre.

As seções a seguir exibem uma visão geral dos projetos Prodes Digital e Deter para o monitoramento do desflorestamento anual e mensal na Amazônia brasileira, respectivamente. De início, são apresentadas a história do desmatamento e a descrição da metodologia desenvolvida no Inpe para o monitoramento baseado em técnicas de Sistema de Informação Geográfica (SIG) e o processamento de imagens de sensoriamento remoto. Em seguida, é mostrada a importante contribuição das imagens-fração derivadas do modelo linear de mistura espectral para viabilizar o Prodes Digital e o Deter, que permitiu a disponibilização dos dados de desmatamento de modo transparente para o público em geral. Os resultados fornecem

6 Aplicação de imagens-fração   93

contribuição inestimável para tomadores de decisão no estabeleci-
mento de políticas públicas e reforçam a governança ambiental em
ecossistemas críticos da Amazônia brasileira.

6.1.2 Projeto Prodes Digital

Desde o final dos anos 1970 o Inpe tem realizado avaliações de
desmatamento na AML usando imagens de sensores remotos.
Essas avaliações foram feitas em conjunto com o antigo Instituto Brasileiro de Desenvolvimento Florestal (IBDF), que mais
tarde foi incorporado ao Instituto Brasileiro do Meio Ambiente e
dos Recursos Naturais Renováveis (Ibama). As primeiras avaliações foram realizadas com a utilização de imagens adquiridas
pelo sensor MSS, de quatro bandas espectrais com resolução
espacial de 80 m, a bordo dos satélites Landsat 1, 2 e 3, durante
os períodos de 1973 a 1975 e 1975 a 1978, empregando técnicas
de interpretação visual (Tardin et al., 1980).

De 1988 em diante, as avaliações de desmatamento anual foram
fornecidas para a AML completa utilizando as imagens do sensor TM,
de seis bandas espectrais com resolução espacial de 30 m, a bordo do
satélite Landsat 5, com qualidade melhorada de mapeamento devido
a suas melhores resoluções espaciais e espectrais em comparação
com os dados do MSS. A metodologia aplicada para mapear as áreas
desmatadas baseou-se na interpretação visual de composições coloridas (5R 4G 3B) de imagens TM em formato de cópia impressa na
escala de 1:250.000. Os polígonos interpretados visualmente das áreas
desmatadas foram somados para calcular o total de áreas desmatadas para cada Estado da AML e apresentados em formato tabular. Esse
método, conhecido como Prodes analógico, foi realizado até 2003.

No final da década de 1990, uma metodologia semiautomatizada
utilizando as imagens-fração começou a ser desenvolvida e foi nomea-
da Prodes Digital (Shimabukuro et al., 1998). O projeto Prodes Digital
é uma automatização das atividades desenvolvidas no projeto Prodes,
que é fundamentado em dados analógicos desde a década de 1970.

94 MISTURA ESPECTRAL

Para o Prodes retratar o desmatamento na AML brasileira, uma máscara de floresta intacta é atualizada anualmente por meio da identificação de novos eventos de desmatamento para excluir as áreas de vegetação não florestal e da identificação de outras mudanças dinâmicas, como o corte de áreas de regeneração secundária.

Imagens TM/Landsat são selecionadas no período de julho, agosto e setembro, que está dentro do período da estação seca local no arco do desmatamento e representa uma janela atmosférica onde imagens sem nuvens estão normalmente disponíveis. Essas imagens são corrigidas usando a técnica de amostragem do vizinho mais próximo para a projeção UTM, resultando em um produto cartográfico com erro interno de 50 m. Para o Prodes, as bandas TM 3 (vermelho), TM 4 (NIR) e TM 5 (MIR) são usadas para gerar as imagens-fração. A legenda para os mapas contém as seguintes classes: floresta, não floresta (savana arbustiva (cerrado), savana gramíneo-lenhosa (campo limpo de cerrado), campinarana etc.), desmatamento acumulado dos anos anteriores, desmatamento do ano analisado, hidrografia e nuvem.

O Prodes Digital consiste dos seguintes passos metodológicos: (1) geração de imagens-fração vegetação, solo e sombra/água; (2) segmentação com base no algoritmo de crescimento de regiões; (3) classificação com base no classificador não supervisionado; (4) mapeamento das classes baseado na seguinte legenda: floresta, não floresta (vegetação que não é caracterizada por uma estrutura de floresta), desmatamento (desmatamento acumulado até o ano anterior), hidrografia e nuvens; e (5) edição do mapa classificado com base na interpretação visual para minimizar os erros de omissão e comissão da classificação automática a fim de produzir o mapa final de desmatamento em formato digital. Produtos do Prodes estão disponíveis no site oficial do Inpe. Um modelo linear de mistura espectral é usado para produzir imagens-fração vegetação, solo e sombra/água e aplicado às bandas espectrais do TM/Landsat (Shimabukuro; Smith, 1991) (Fig. 6.2). Esse método reduz a dimensionalidade de dados e realça os alvos específicos de interesse. A imagem-fração vegetação realça as áreas de cobertura vegetal, a imagem-fração solo realça as áreas de solo descoberto e a imagem-fração sombra/água realça as áreas de corpos d'água e as áreas queimadas. A imagem-fração sombra/água foi usada para caracterizar a área total previamente desmatada até 1997 na AML de acordo com a metodologia proposta por Shimabukuro et al. (1998). Posteriormente, as áreas desmatadas foram acumuladas até o ano de 2000. A partir daí, a imagem-fração solo, que realça as áreas sem cobertura vegetal, foi utilizada para classificar o incremento anual desmatado com base no contraste entre áreas florestadas e áreas desmatadas nos anos seguintes. O Prodes Digital permitiu que o Inpe colocasse à disposição da comunidade em geral as informações de áreas desmatadas na AML, sendo reconhecido nacional e internacionalmente.

O modelo linear de mistura espectral utilizado foi:

$$r_i = a\ vege_i + b\ solo_i + c\ (sombra/água)_i + e_i \qquad \text{(6.1)}$$

em que:

r_i = resposta para o *pixel* na banda i da imagem TM/Landsat;

a, b e c = proporções de vegetação, solo e sombra/água em cada *pixel*;

$vege_i$, $solo_i$ e $(sombra/água)_i$ = respostas espectrais de cada componente;

e_i = termo do erro para cada banda TM/Landsat.

As bandas TM 3, TM 4 e TM 5 são usadas para formar um sistema de equações lineares que pode ser resolvido por qualquer algoritmo desenvolvido – por exemplo, mínimos quadrados ponderados, descrito anteriormente. As imagens-fração resultantes eram reamostradas para 60 m para minimizar o tempo de processamento do computador e o espaço em disco, sem perda de informações compatíveis com a escala de mapa de produto final de 1:250.000.

Segue-se então a aplicação de uma técnica de processamento digital de imagens denominada *segmentação*, que se fundamenta em agrupar os dados em regiões contíguas com características espectrais semelhantes. Dois limiares são necessários para executar a segmentação de imagem: (a) *similaridade*, que é o valor mínimo definido pelo usuário para ser considerado como semelhante e para formar uma região, e (b) área, que é o tamanho mínimo, dado em número de *pixels*, para a região a ser individualizada (Fig. 6.3). O método de classificação não supervisionada (Isoseg) é usado para classificar as imagens-fração segmentadas e emprega os atributos estatísticos (média e matriz de covariância) derivados dos polígonos gerados pela segmentação de imagem (Fig. 6.4).

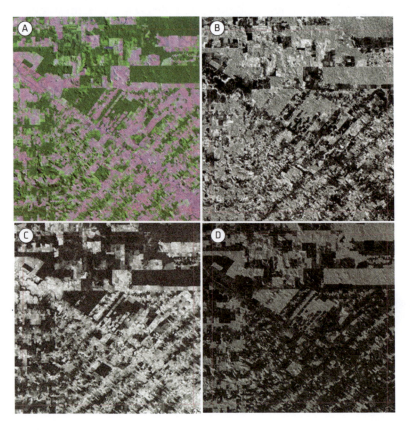

Fig. 6.2   (A) Imagem TM/Landsat (R5 G4 B3) e imagens-fração (B) vegetação, (C) solo e (D) sombra/água

6 Aplicação de imagens-fração 97

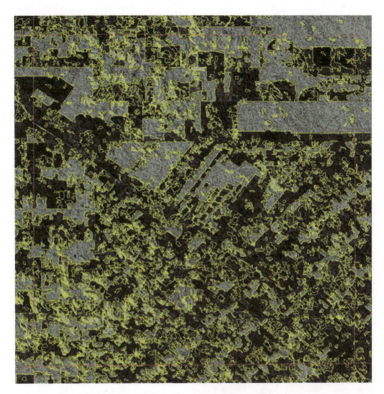

Fig. 6.3 Imagem-fração sombra/água segmentada

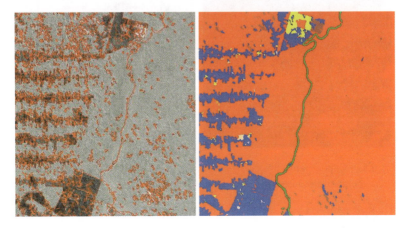

Fig. 6.4 Imagem segmentada e classificada usando o classificador não supervisionado

Após a classificação não supervisionada, é necessário verificar os mapas resultantes, de acordo com a legenda preestabelecida do projeto Prodes (Fig. 6.5). A seguir, a tarefa de edição do mapa é executada pelos intérpretes utilizando ferramentas de edição de imagem interativa (Fig. 6.6). Erros de omissão e de comissão identificados pelos intérpretes são corrigidos manualmente a fim de melhorar o resultado de classificação.

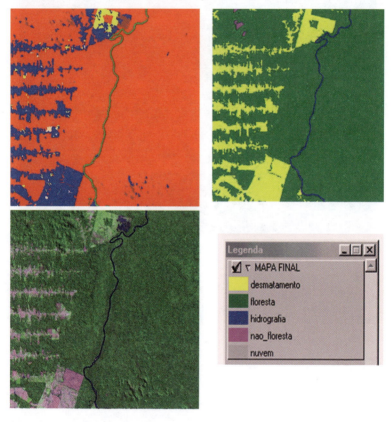

Fig. 6.5 Mapeamento das classes de acordo com a legenda preestabelecida do projeto Prodes

Em seguida, as imagens individualmente classificadas são mosaicadas para gerar os mapas finais por Estado e para toda a AML (Fig. 6.7). Para o mosaico dos Estados, a resolução espacial é mantida em 60 m e a escala para apresentação é de 1:500.000, enquanto para a AML a resolução espacial é degradada para 120 m e a escala para apresentação é de 1:2.500.000, devido à grande quantidade de informações.

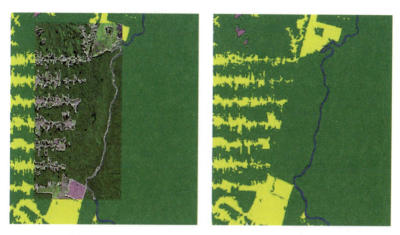

Fig. 6.6 Edição matricial para gerar o mapa final

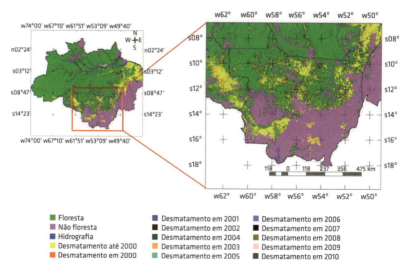

Fig. 6.7 Mapa temático do Prodes Digital mostrando as áreas desmatadas até 2000 (em amarelo), áreas de não floresta (em magenta) e desmatamentos anuais de 2001 a 2010 conforme a legenda

No entanto, as informações de desmatamento fornecidas pelo Prodes não eram suficientes para as necessidades de vigilância mais frequentes de várias agências do governo brasileiro. Por isso, o projeto Deter foi desenvolvido, com base nas imagens do sensor Modis, de alta resolução temporal, para fornecer informações geoespaciais de atividades de desmatamento em tempo real.

6.1.3 Projeto Deter

A partir de 2004, o projeto Deter foi implementado a fim de fornecer, em tempo real, a detecção de atividades de desmatamento para apoiar o plano de ação do Governo Federal visando à prevenção e ao controle do desmatamento na AML brasileira. O procedimento imita a metodologia adotada no projeto Prodes, mas destina-se a detectar atividades de desmatamento em tempo real, explorando a alta resolução temporal do sensor Modis.

O primeiro passo no método do projeto Deter é "mascarar" a floresta intacta com base na avaliação Prodes do ano anterior. O mapa de floresta intacta é usado como referência para identificar novos eventos de desmatamento em tempo real ao longo do ano analisado. A atividade de monitoramento com as imagens Modis começa em janeiro, mas torna-se mais eficaz depois de março, quando um número maior de imagens Modis fica disponível devido à menor cobertura de nuvens na AML. Além disso, durante a estação chuvosa, de novembro a março, não há muito desmatamento previsto para acontecer.

As imagens Modis diárias (refletância de superfície – MOD09) usadas para identificar focos de desmatamento são selecionadas com base em dois critérios: (a) quantidade de cobertura de nuvens e (b) faixa dentro do ângulo zenital do sensor menor do que 35° (~1.400 km). A quantidade de cobertura de nuvens inicialmente é avaliada com base nas imagens *quick-look* seguidas de análises mais detalhadas com a resolução espacial completa das imagens Modis. A AML toda é coberta por 12 tiles Modis (V09 a V11 e H10 a H13).

As imagens do produto MOD09 estão em projeção sinusoidal (referência WGS84) e as bandas são reprojetadas para o sistema de coordenadas geográficas com o mesmo datum e convertidas de HDF (hierarchical data format) para GeoTIFF a fim de carregar as imagens diretamente no software SPRING para o processamento das imagens.

A alta qualidade geométrica dos produtos Modis garante a viabilidade do projeto Deter, pois é fundamental para detectar pontos de desmatamento dentro do tamanho do pixel Modis.

Do conjunto de sete bandas do produto MOD09, as bandas 1 (vermelho), 2 (NIR) e 6 (MIR) são usadas para gerar as imagens-fração vegetação, solo e sombra/água aplicando o modelo linear de mistura espectral (ver a seção 6.1.2), conforme pode ser visto na Fig. 6.8 para o período de 22 de abril a 7 de maio de 2004. Nessa figura, observa-se que a imagem-fração solo facilita o mapeamento das áreas desmatadas.

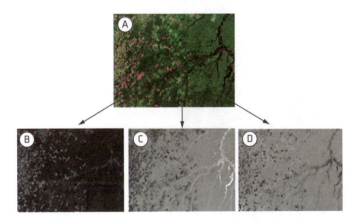

Fig. 6.8 (A) Imagem Modis correspondente ao período de 22 de abril a 7 de maio de 2004 e imagens-fração (B) solo, (C) sombra/água e (D) vegetação

As imagens-fração solo são então segmentadas, classificadas, mapeadas e eventualmente editadas pelo intérprete seguindo os mesmos métodos utilizados no projeto Prodes Digital. A Fig. 6.9 mostra as etapas do projeto Deter, ou seja, as áreas desmatadas são classificadas nas imagens-fração solo e a elas é sobreposta a máscara de floresta, realçando as áreas de novos desmatamentos (cor vermelha na figura).

Esse procedimento é realizado para cada imagem diária do Modis adquirida para a AML brasileira. Os resultados das atividades de desmatamento detectados pelo Deter podem ser acumulados para diferentes intervalos, como semanal, quinzenal e mensal, e estão disponíveis em formato digital na página do projeto no site do Inpe. A Fig. 6.10 exibe os produtos disponibilizados para o ano de 2004 por esse projeto.

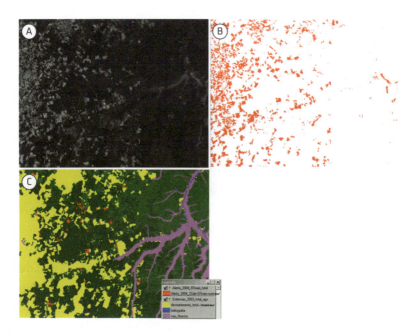

Fig. 6.9 (A) Imagem-fração solo (mosaico de 22 de abril a 7 de maio de 2004); (B) resultado da classificação da fração solo; (C) classificação da imagem Modis (mosaico de 22 de abril a 7 de maio de 2004) – extensão total: agosto de 2003 + mudança até 7 de maio de 2004

6 Aplicação de imagens-fração   103

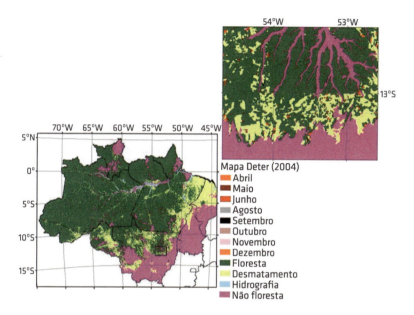

Fig. 6.10 Resultado do monitoramento do projeto Deter mostrando as atividades de desmatamento detectadas mensalmente durante o ano de 2004

6.2 Mapeamento de áreas queimadas

Além da capacidade das imagens Modis de servirem para a detecção em tempo real das áreas desflorestadas (projeto Deter), por meio delas é possível também a identificação de outros tipos de ação antrópica sobre a cobertura florestal, como é o caso das queimadas. Isso pode ser constatado com os resultados obtidos no Estado do Acre pelo produto MOD09, nas datas de 5, 12 e 21 de setembro de 2005, composto das bandas espectrais do vermelho (centrada em 640 nm), do infravermelho próximo (858 nm) e do infravermelho médio (1.640 nm) (Shimabukuro et al., 2009).

Para a orientação inicial da fase interpretativa das queimadas nas imagens Modis, foram utilizadas as informações decorrentes do projeto Proarco, que faz o monitoramento diário dos focos de calor. Ao fornecer, em uma base georreferenciada de dados, o posicionamento dos vários focos de calor, esse projeto possibilita estimar a distribuição espacial, o grau de incidência e a direção tomada por essa prática de queima, que, cruzados com planos de informações temáticos, permitem determinar o tipo de cobertura vegetal que está sendo afetado pelo fogo, o que é indicativo para o posterior reconhecimento das cicatrizes de queimada, foco dessa atual discussão. Para a validação do mapeamento das áreas queimadas utilizando os dados Modis, foram utilizadas as imagens de melhor resolução espacial, caso dos produtos do TM/Landsat e do CCD/CBERS-2, adquiridos nas passagens de 13 e 12 de outubro de 2005, respectivamente, além de informações de campo no período considerado.

Na Fig. 6.11 é apresentado o fluxograma dos procedimentos executados no trabalho.

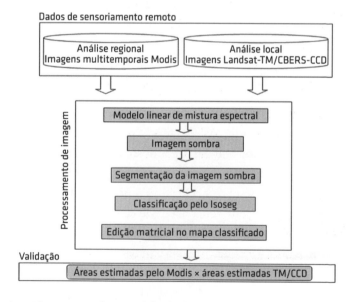

Fig. 6.11 Fluxograma da metodologia de mapeamento de áreas queimadas

A Fig. 6.12 mostra a composição colorida (R6 G2 B1) e também as imagens-fração individuais de vegetação, solo e sombra/água referentes à imagem Modis adquirida em 12 de outubro de 2005. As áreas queimadas podem ser identificadas por apresentar níveis de cinza mais altos do que os demais alvos na imagem-fração sombra/água, facilitando sua discriminação.

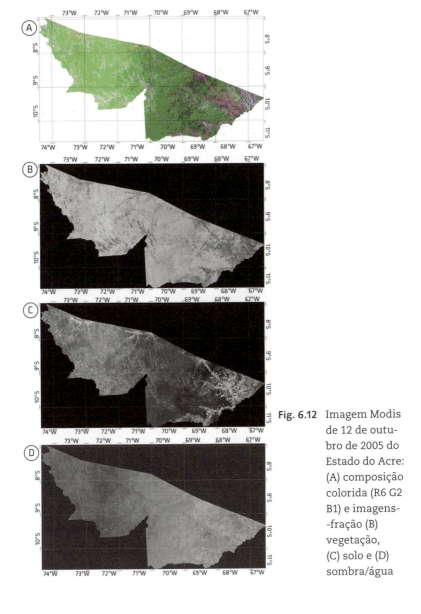

Fig. 6.12 Imagem Modis de 12 de outubro de 2005 do Estado do Acre: (A) composição colorida (R6 G2 B1) e imagens-fração (B) vegetação, (C) solo e (D) sombra/água

Os resultados da análise multitemporal das imagens-fração sombra/água derivadas dos dados do Modis indicaram a ocorrência de 6.500 km² de área queimada no Estado do Acre (Fig. 6.13). Desse total, 3.700 km² correspondem a áreas previamente desflorestadas, onde a atividade de queima serve como prática tradicional de limpeza do terreno para a implantação de cultivos agrícolas ou de novas pastagens ou mesmo como prática de melhoria das condições de pastoreio. Outros 2.800 km² equivalem a áreas de incêndios florestais, com a cobertura florestal degradada pelo fogo, em nível tanto de superfície como de dossel, em queima fora de controle, cujo grau de incidência é determinado por ação de ventos, disponibilidade de matéria seca no interior da floresta e ocorrência de determinadas espécies mais suscetíveis ao fogo.

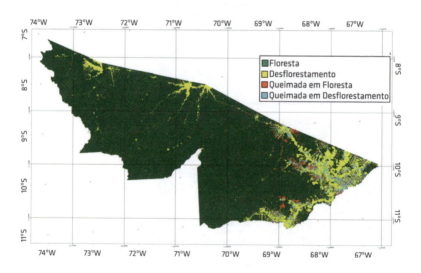

Fig. 6.13 Áreas queimadas no Estado do Acre identificadas nas imagens Modis adquiridas no ano de 2005

Preocupados com o nível de emissões decorrente da queima e seus impactos na qualidade do ar respirado pela população do Estado do Acre, Brown et al. (2006) estimaram, por meio das imagens TM/Landsat e CCD/CBERS-2 e de um detalhado trabalho de campo, que mais de 2.670 km² de florestas primárias foram afetadas por queimadas no sudeste daquele Estado no ano de 2005. Tais resultados mostram a consistência das estimativas realizadas com imagens Modis, qualificando-as como uma importante fonte de informação de áreas para o mapeamento de queimadas em escala regional.

6.3 DETECÇÃO DE CORTE SELETIVO

O corte seletivo de espécies de valor comercial alto é uma prática utilizada nas áreas de floresta tropical da Amazônia, demandando diversos estudos para a sua detecção e mensuração e para a avaliação dos impactos para florestas intactas (Asner et al., 2005; Grogan et al., 2008; Matricardi et al., 2010; Shimabukuro et al., 2014).

Caracteriza-se o corte seletivo pela abertura de pátios, estradas e trilhas de arraste. Dessa maneira, com a utilização de imagens de resolução espacial média (TM, por exemplo) é possível detectar essas áreas por meio da imagem-fração solo gerada pelo modelo linear de mistura espectral. A Fig. 6.14A mostra uma imagem-fração solo do TM realçando as áreas desmatadas e as áreas de corte seletivo, que podem ser classificadas como mostrado na Fig. 6.14B.

6.4 MAPEAMENTO DO USO E DA COBERTURA DA TERRA

As imagens-fração vegetação, solo e sombra/água têm sido utilizadas para o mapeamento do uso e da cobertura da terra. O exemplo a seguir é o mapeamento do Estado de Mato Grosso utilizando dados multitemporais do Modis/Terra. A Fig. 6.15A,B apresenta as composições coloridas das imagens Modis obtidas nos meses de janeiro e agosto de 2002, respectivamente, mostrando a mudança da paisagem nos períodos de chuva e de seca no Estado. Na imagem de agosto, pode-se observar o contraste entre as áreas sem vegetação (áreas de cerrado e áreas desmatadas) e com vegetação (cobertura florestal). Por outro lado, na imagem de janeiro, é possível observar as áreas de cultura, principalmente de soja, e as áreas alagadas. Dessa maneira, as imagens-fração das imagens Modis obtidas durante o ano podem ser utilizadas para mapear as áreas de uso e cobertura da terra. Nesse sentido, as imagens-fração são muito

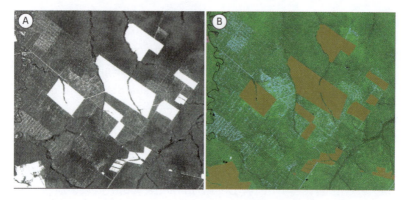

Fig. 6.14 (A) Imagem-fração solo derivada de uma imagem TM sobre uma área no Estado de Mato Grosso, realçando as áreas desmatadas (corte raso) e as áreas de corte seletivo de madeira; (B) classificação das áreas de corte seletivo (azul-claro) e das áreas desflorestadas (marrom)

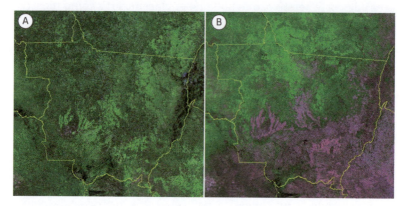

Fig. 6.15 Composições coloridas das imagens Modis do Estado de Mato Grosso obtidas nos meses de (A) janeiro e (B) agosto de 2002

úteis para reduzir o volume de dados a serem analisados, além de realçar as classes de cobertura de interesse.

A Fig. 6.16 exibe as imagens-fração derivadas da imagem do mês de agosto de 2002, facilitando a discriminação das áreas de vegetação e não vegetação. Também é possível diferenciar as áreas desmatadas e as áreas de cerrado que estão descobertas da vegetação durante esse período do ano, bem como os corpos d'água.

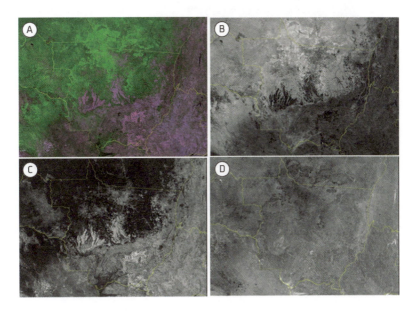

Fig. 6.16 Imagens-fração Modis de agosto de 2002 do Estado de Mato Grosso: (A) composição colorida (Rsolo Gvege Bsombra/água) e imagens-fração (B) vegetação, (C) solo e (D) sombra/água

De modo semelhante, as imagens-fração do mês de janeiro, não apresentadas aqui, realçam as áreas de cultura, principalmente de soja, os diferentes tipos de cerrado e as áreas alagadas. Anderson (2004), combinando as imagens-fração das imagens Modis obtidas durante os períodos do ano, mapeou as classes de uso e cobertura do Estado de Mato Grosso conforme mostrado na Fig. 6.17.

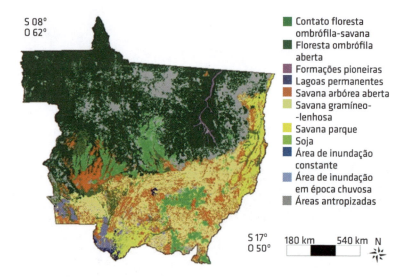

Fig. 6.17 Mapa de uso e cobertura da terra do Estado de Mato Grosso obtido com base nas imagens Modis
Fonte: Anderson (2004).

Considerações Finais

A mistura espectral pode ser linear e não linear. O modelo linear foi discutido devido à facilidade de implementação, com resultados bem satisfatórios.

O modelo linear de mistura espectral é uma técnica de transformação de dados de sensoriamento remoto, ou seja, converte a informação espectral em informações físicas de proporção dos componentes (*endmembers*) dentro de um *pixel*. Essas informações de proporção dos componentes são representadas em imagens chamadas de imagens-fração. Dessa maneira, o modelo linear de mistura espectral é uma técnica de redução de dados, além de realçar a informação desses componentes dentro de um *pixel* de imagem. Ele não é um classificador temático, mas proporciona informações úteis das imagens-fração para diversas aplicações em diversas áreas.

Em geral, esses *endmembers* são vegetação, solo e sombra/água, elementos presentes no terreno. A imagem-fração vegetação apresenta informação similar a índices de vegetação como NDVI, Savi e EVI, realçando as áreas de cobertura vegetal, ao passo que a imagem-fração solo realça as áreas sem cobertura vegetal e a imagem-fração sombra/água realça as áreas de corpos d'água e as áreas queimadas.

As imagens-fração solo e sombra/água foram importantes para automatizar o projeto Prodes, o que foi feito por meio do projeto Prodes Digital, fornecendo a estimativa de áreas desmatadas e o mapa da distribuição espacial dessas áreas.

Espera-se, ao final deste livro, ter contribuído para o fornecimento de informações suficientes para as mais profundas reflexões por parte daqueles que pretendem utilizar as imagens-fração derivadas de modelo linear de mistura espectral no desenvolvimento de seus trabalhos.

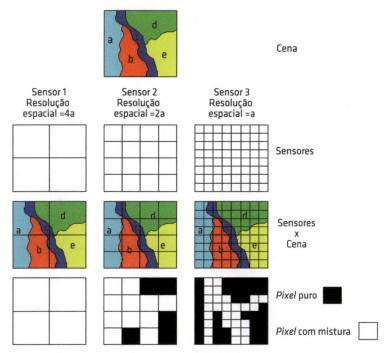

Fig. 1.2 Mistura para três sensores com resoluções espaciais diferentes e quatro classes de cobertura no terreno
Fonte: Piromal (2006).

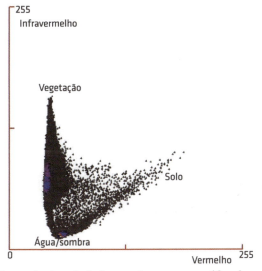

Fig. 1.4 Dispersão dos *pixels* de uma imagem no gráfico formado pelas bandas do vermelho e do infravermelho próximo

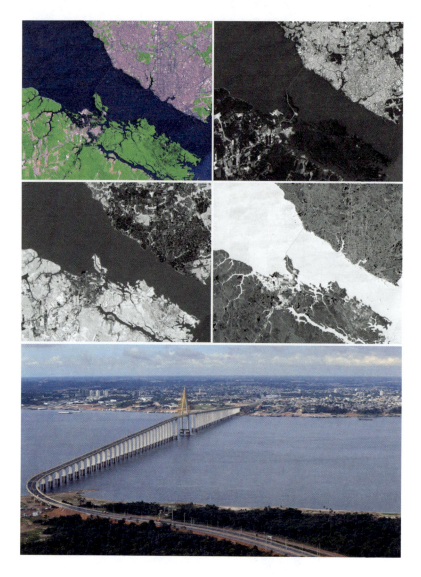

Fig. 2.5 Exemplos de possível visualização de objetos em imagens orbitais que apresentam dimensões inferiores àquelas do IFOV do sensor que as gerou

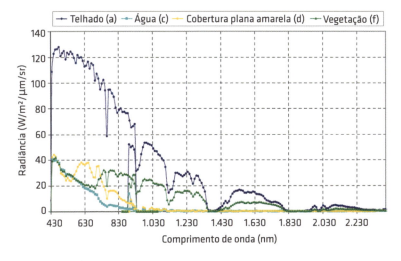

Fig. 3.1 Exemplo de espectros que podem ser gerados com base nos dados do sensor Hyperion

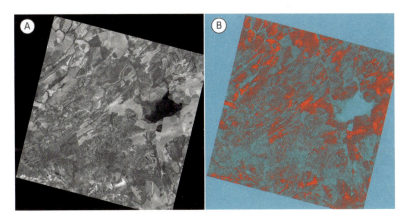

Fig. 4.1 (A) Imagem CBERS HRC pancromática; (B) composição colorida Rclaro Gescuro Bescuro

LITERATURA CITADA

ACHARD, F.; EVA, H. D.; STIBIG, H. J.; MAYAUX, P.; GALLEGO, J.; RICHARDS, T.; MALINGREAU, J. P. Determination of deforestation rates of the world's humid tropical forests. *Science*, v. 297, p. 999-1002., 2002.

ADAMS, J. B.; ADAMS, J. D. Geologic mapping using Landsat MSS and TM images: removing vegetation by modeling spectral mixtures – Remote sensing for exploration geology. In: THIRD THEMATIC CONFERENCE: INTERNATIONAL SYMPOSIUM ON REMOTE SENSING OF ENVIRONMENT, 1984, Colorado. *Proceedings*... Colorado Springs, Colorado, 1984. p. 16-19.

ADAMS, J. B.; SMITH, M. O.; JOHNSON, P. E. Spectral mixture modeling: a new analysis of rock and soil types at the Viking Lander 1 site. *Journal of Geophysical Research*, v. 91, n. B8, p. 8098-8112, July 1986.

ALCÂNTARA, E. H.; BARBOSA, C. C. F.; STECH, J. L.; NOVO, E. M. M.; SHIMABUKURO, Y. E. Improving the spectral unmixing algorithm to map water turbidity distributions. *Environmental Modelling & Software*, v. 24, p. 1051-1061, 2009.

ANDERSON, L. O. *Classificação e monitoramento da cobertura vegetal de Mato Grosso utilizando dados multitemporais do sensor MODIS*. 2004. 247 f. Dissertação (Mestrado em Sensoriamento Remoto) – Instituto Nacional de Pesquisas Espaciais, São José dos Campos, 2004. INPE-12290-TDI/986.

ASNER, G. P.; KNAPP, D. E.; BROADBENT, E. N.; OLIVEIRA, P. J. C.; KELLER, M.; SILVA, J. N. Selective logging in the Brazilian Amazon. *Science*, v. 310, p. 480-482, 2005.

ATKINSON, P.; CUTLER, M.; LEWIS, H. Mapping subpixel proportional land cover with AVHRR imagery. *International Journal of Remote Sensing*, v. 18, p. 917-935, 1997.

BASTIN, L. Comparison of fuzzy c-means classification, linear mixture modeling and MLC probabilities as tools for unmixing coarse pixels. *International Journal of Remote Sensing*, v. 18, p. 3629-3648, 1997.

BOARDMAN, J. W. Inversion of imaging spectrometry data using singular value decomposition. In: CANADIAN SYMPOSIUM ON REMOTE SENSING, 12., 1989. *Proceedings*... 1989. v. 4, p. 2069-2072.

118 MISTURA ESPECTRAL

BROWN, I. F.; SCHROEDER, W.; SETZER, A.; MALDONADO, M.; PANTOJA, N.; DUARTE, A.; MARENGO, J. Monitoring fires in southwestern Amazonian rain forests. *EOS Transactions*, v. 87, n. 26, p. 253-259, 2006.

BURDEN, R. L.; FAIRES, J. D.; REYNOLDS, A. C. *Numerical analysis*. 2. ed. Boston, Massachusetts: Prindle, Weber and Schmidt, 1981.

CHANDER, G.; MARKHAM, B. L.; BARSI, J. A. Revised Landsat 5 thematic mapper radiometric calibration. *IEEE Transactions on Geoscience and Remote Sensing Letters*, v. 4, n. 3, p. 490-495, 2007.

CHANDER, G.; HAQUE, O.; MICIJEVIC, E.; BARSI, J. A. A procedure for radiometric recalibration of Landsat 5 TM reflective-band data. *IEEE Transactions on Geoscience and Remote Sensing*, v. 8, n. 1, p. 556-574, 2010.

COCHRANE, M. A.; ALENCAR, A.; SCHULZE, M. D.; SOUZA Jr., C. M.; NEPSTAD, D. C.; LEFEBVRE, P.; DAVIDSON, E. A. Positive feedbacks on the fire dynamic of closed canopy tropical forests. *Science*, v. 284, p. 1832-1835, 1999.

CONTE, S. D.; DE BOOR, C. *Elementary numerical analysis: an algorithmic approach*. McGraw-Hill, 1980. 445 p.

DETCHMENDY, D. M.; PACE, W. H. A model spectral signature variability for mixtures. In: SHAHROKHI, F. (Ed.). *Remote sensing of Earth resources*. Tullahoma, TN: The University of Tennessee, 1972. v. 1, p. 596-620

DIETZ, A.; WOHNER, C.; KUENZER, C. European snow cover characteristics between 2000 and 2011 derived from improved MODIS daily snow cover products. *International Journal of Remote Sensing*, v. 4, p. 2432–2454, 2012.

DIETZ, A.; KUENZER, C.; CONRAD, C. Snow cover variability in Central Asia between 2000 and 2011 derived from improved MODIS daily snow cover products. *International Journal of Remote Sensing*, v. 34, n. 11, p. 3879-3902, 2013.

FEARNSIDE, P. M. Deforestation in Brazilian Amazonia: the effect of population and land tenure. *Ambio*, v. 22, n. 8, p. 537-545, 1993.

FOODY, G. M.; LUCAS, R. M.; CURRAN, P. J.; HONZAK, M. Non-linear mixture modeling without end-members using an artificial neural network. *International Journal of Remote Sensing*, v. 18, p. 937-953, 1997.

GARCÍA-HARO, F.; SOMMNER, S.; KEMPER, T. A new tool for variable multiple endmember spectral mixture analysis (VMESMA). *International Journal of Remote Sensing*, v. 26, p. 2135-2162, 2005

GESSNER, U.; MACHWITZ, M.; ESCH, T.; TILLACK, A.; NAEIMI, V.; KUENZER, C.; DECH, S. Multi-sensor mapping of West African land cover using MODIS, ASAR and TanDEM-X/TerraSAR-X data. *Journal of Remote Sensing Environment*, p. 282-297, 2015.

GILABERT, M. A.; CONESE, C.; MASELLI, F. An atmospheric correction method for the automatic retrieval of surface reflectances from TM images. *International Journal of Remote Sensing*, v. 15, n. 10, p. 2065-2086, 1994.

GROGAN, J.; JENNINGS, S. B.; LANDIS, R. M.; SCHULZE, M.; BAIMA, A. M. V.; LOPES, J. C. A.; NORGHAUER, J. M.; OLIVEIRA, L. R.; PANTOJA, F.; PINTO, D.; SILVA, J. N. M.; VIDAL, E.; ZIMMERMAN, B. L. What loggers leave behind: impacts on big-leaf mahogany (*Swietenia macrophylla*) commercial populations and potential for post-logging recovery in the Brazilian Amazon. *Forest Ecology and Management*, v. 255, p. 269-281, 2008.

HEIMES, F. J. *Effects of scene proportions on spectral reflectance in Lodgepole pine.* 1977. Dissertation (Master of Science) – Colorado State University, Fort Collins, CO, 1977.

HORWITZ, H. M.; NALEPKA, R. F.; RYDE, P. D.; MORGENSTERN, J. P. Estimating the proportions of objects within a single resolution element of a multispectral scanner. In: INTERNATIONAL SYMPOSIUM ON REMOTE SENSING OF ENVIRONMENT, 7., Ann Arbor, MI, May 7-21, 1971. *Proceedings...* Ann Arbor, MI, Willow Run Laboratories, 1971. p. 1307-1320.

INPE – INSTITUTO NACIONAL DE PESQUISAS ESPACIAIS. *Monitoring of the Brazilian Amazonian forest by satellite*, 2000-2001. São José dos Campos, 2002. 21 p.

KLEIN, I.; GESSNER, U.; KUENZER, C. Regional land cover mapping in Central Asia using MODIS time series. *Applied Geography*, v. 35, p. 1-16, 2012.

KLEIN, I.; DIETZ, A.; GESSNER, U.; DECH, S.; KUENZER, C. Results of the global waterpack: a novel product to assess inland water body dynamics on a daily basis. *Remote Sensing Letters*, v. 6, n. 1, p. 78-87, 2015.

KUENZER, C.; KLEIN, I.; ULLMANN, T.; FOUFOULA-GEORGIOU, E.; BAUMHAUER, R.; DECH, S. Remote sensing of river delta inundation: exploiting the potential of coarse spatial resolution, temporally-dense MODIS time series. *Remote Sensing*, v. 7, p. 8516-8542, 2015.

LEINENKUGEL, P.; WOLTERS, M.; OPPELT, N.; KUENZER, C. Tree cover and forest cover dynamics in the Mekong Basin from 2001 to 2011. *Remote Sensing of Environment*, v. 158, p. 376-392, 2014.

LU, L.; KUENZER, C.; GUO, H.; LI, Q.; LONG, T.; LI, X. A novel land cover classification map based on MODIS time-series in Nanjing, China. *Remote Sensing*, v. 6, p. 3387-3408, 2014.

LU, L.; KUENZER, C.; WANG, C.; GUO, H.; LI, Q. Evaluation of three MODIS-derived vegetation index time series for dry land vegetation dynamics monitoring. *Remote Sensing*, v. 7, p. 7597-7614, 2015.

MAHAR, D. *Government policies and deforestation in Brazil's Amazon Region.* Washington, D.C.: World Bank, 1988.

MATRICARDI, E. A. T.; SKOLE, D. L.; PEDLOWSKI, M. A.; CHOMENTOWSKI, W.; FERNANDES, L. C. Assessment of tropical forest degradation by selective logging and fire using Landsat imagery. *Remote Sensing of Environment*, v. 114, p. 1117-1129, 2010.

MORAN, E. F. *Developing the Amazon.* Bloomington, Indiana, USA: Indiana University Press, 1981.

MORAN, E. F. Deforestation and land use in the Brazilian Amazon. *Human Ecology,* v. 21, n. 1, p. 1-21, 1993.

MORAN, E. F.; BRONDIZIO, E.; MAUSEL, P.; WU, Y. Integrating Amazonian vegetation, land-use, and satellite data. *Bioscience,* v. 44, n. 5, p. 329-338, 1994.

NEPSTAD, D. C.; KLINK, C. A.; UHL, C.; VIEIRA, I. C.; LEFEBVRE, P.; PEDLOWSKI, M.; MATRICARDI, E.; NEGREIROS, G.; BROWN, I. F.; AMARAL, E.; HOMMA, A.; WALKER, R. Land-use in Amazonia and the Cerrado of Brazil. *Ciência e Cultura Journal of the Brazilian Association for the Advancement of Science,* v. 49, n. 1/2, p. 73-86, 1997.

NOVO, E. M. L. M.; SHIMABUKURO, Y. E. Spectral mixture analysis of inland tropical waters. *International Journal of Remote Sensing,* v. 15, n. 6, p. 1354-1356, 1994.

PACE, W. H.; DETCHMENDY, D. M. A fast algorithm for the decomposing of multispectral data into mixtures. In: SHAHROKHI, F. (Ed.). *Remote sensing of Earth resources.* Tullahoma, Tennessee, USA: The University of Tennessee, 1973. v. 2, p. 831-847.

PEARSON, R. *Remote multispectral sensing of biomass.* 1973. Dissertation (Ph.D.) – Colorado State University, Fort Collins, Colorado, USA, 1973.

PIROMAL, R. A. S. *Avaliação do modelo 5-scale para simular valores de reflectância de unidades de paisagem da Floresta Nacional do Tapajós.* 2006. 151 f. Dissertação (Mestrado em Sensoriamento Remoto) – São José dos Campos, Inpe, 2006. INPE-14645-TDI/205.

RANSON, K. J. *Computer assisted classification of mixtures with simulated spectral signatures.* 1975. Dissertation (Master of Science) – Colorado State University, Fort Collins, CO, 1975.

ROBERTS, D. A., SMITH, M.; ADAMS, J. Green vegetation, nonphotosynthetic vegetation, and soils in AVIRIS data. *Remote Sensing of Environment,* v. 44, p. 255-269, 1993.

ROSIN, P. Robust pixel unmixing. *IEEE Transactions on Geoscience and Remote Sensing,* v. 39, p. 1978-1983, 2001.

SHIMABUKURO, Y. E. *Shade images derived from linear mixing models of multispectral measurements of forested areas.* 1987. 274 p. Thesis (Doctor of Phylosophy) – Colorado State University, Colorado, USA, 1987.

SHIMABUKURO, Y. E.; SMITH, J. A. The least-squares mixing models to generate fraction images derived from remote sensing multispectral data. *IEEE Transactions on Geoscience and Remote Sensing,* v. 29, p. 16-20, 1991.

SHIMABUKURO, Y. E.; SMITH, J. A. Fraction images derived from Landsat TM and MSS data for monitoring reforested areas. *Canadian Journal of Remote Sensing,* v. 21, n. 1, p. 67-74, 1995.

SHIMABUKURO, Y. E.; BATISTA, G. T.; MELLO, E. M. K.; MOREIRA, J. C.; DUARTE, V. Using shade fraction image segmentation to evaluate deforestation in Landsat Thematic Mapper images of the Amazon region. *International Journal of Remote Sensing*, v. 19, n. 3, p. 535-541, 1998.

SHIMABUKURO, Y. E.; DUARTE, V.; ANDERSON, L. O.; VALERIANO, D. M.; ARAI, E.; FREITAS, R. M. Near real time detection of deforestation in the Brazilian Amazon using MODIS imagery. *Revista Ambi-Agua*, v. 1, p. 37-47, 2006.

SHIMABUKURO, Y. E.; DUARTE, V.; ARAI, E.; FREITAS, R. M.; LIMA, A.; VALERIANO, D. M.; BROWN, I. F.; MALDONADO, M. L. R. Fraction images derived from Terra MODIS data for mapping burnt areas in Brazilian Amazonia. *International Journal of Remote Sensing*, v. 30, p. 1537-1546, 2009.

SHIMABUKURO, Y. E.; BEUCHLE, R.; GRECCHI, R. C.; ACHARD, F. Assessment of forest degradation in Brazilian Amazon due to selective logging and fires using time series of fraction images derived from Landsat ETM+ images. *Remote Sensing Letters*, v. 5, p. 773-782, 2014.

SINGER, R. B.; MCCORD, T. B. Mars: large scale mixing of bright and dark materials and implications for analysis of spectral reflectance. In: LUNAR AND PLANETARY SCIENCE CONFERENCE, 10., 1979. Houston, Texas. *Proceedings...* Houston, Texas: Lunar and Planetary Institute, 1979. p. 1825-1848.

SKOLE, D.; TUCKER, C. Tropical deforestation and habitat fragmentation in the Amazon: satellite data from 1978 to 1988. *Science*, v. 260, p. 1905-1910, 1993.

SKOLE, D. L.; CHOMENTOWSKI, W. H.; SALAS, W. A.; NOBRE, A. D. Physical and human dimensions of deforestation in Amazonia. *Bioscience*, v. 44, n. 5, p. 14-322, 1994.

SLATER, P. N. Remote sensing, optics and optical systems. Massachusetts: Addison-Wesley Publishing Company, Advanced Book Program, Reading, 1980.

SMITH, M. O.; JOHNSON, P. E.; ADAMS, J. B. Quantitative determination of mineral types and abundances from reflectance spectra using principal component analysis. *Journal of Geophysical Research*, v. 90, n. S02, p. 797-804, 1985.

SPIEGEL, M. R. *Mathematical handbook of formulas and tables*. New York: McGraw-Hill, 1968.

TARDIN, A. T.; LEE, D. C. L.; SANTOS, R. J. R.; ASSIS, O. R.; BARBOSA, M. P. S.; MOREIRA, M. L.; PEREIRA, M. T.; SILVA, D.; SANTOS FILHO, C. P. *Subprojeto desmatamento*. 1980. Convênio IBDF/CNPq/INPE, Rel. Técnico INPE-1649-RPE/103.

USTIN, S. L.; ADAMS, J. B.; ELVIDGE, C. D.; REJMANEK, M.; ROCK, B. N.; SMITH, M. O.; THOMAS, R. W.; WOODWARD, R. A. Thematic mapper studies of semiarid shrub communities. *Bioscience*, v. 36, n. 7, p. 446-452, 1986.

LITERATURA RECOMENDADA

ADAMS, J. B.; GILLESPIE, A. R. Remote sensing of landscapes with spectral images: a physical modelling approach. 378 p. Cambridge: Cambridge University Press, 2006.

ADAMS, J. B.; SMITH, M. O.; GILLESPIE, A. R. Imaging spectroscopy: interpretation based on spectral mixture analysis. In: PIETERS, C. M.; ENGLERT, P. A. (Ed.). Remote geochemical analysis: elemental and mineralogical composition. New York: Cambridge University Press, 1993. Cap. 7, p. 145-166.

ADAMS, J. B.; SABOL, D. E.; KAPOS, V.; ALMEIDA-FILHO, R.; ROBERTS, D. A.; SMITH, M. O.; GUILLESPIE, A. R. Classification of multispectral images based on fractions of endmembers: application to land-cover change in the Brazilian Amazon. Remote Sensing of Environment, v. 52, p. 137-152, 1995.

AGUIAR, A. Utilização de atributos derivados de proporções de classes dentro de um elemento de resolução de imagem ('pixel') na classificação multiespectral de imagens de sensoriamento remoto. 1991. Dissertação (Mestrado) – Instituto Nacional de Pesquisas Espaciais – INPE, São José dos Campos, SP, Brasil, 1991.

AGUIAR, A. P. D.; SHIMABUKURO, Y. E.; MASCARENHAS, N. D. A. Use of synthetic bands derived from mixing models in the multispectral classification of remote sensing images. International Journal of Remote Sensing, v. 20, n. 4, p. 647-657, 1999.

ALCÂNTARA, E. H.; STECH, J. L.; NOVO, E. M. M.; SHIMABUKURO, Y. E.; BARBOSA, C. C. F. Turbidity in the Amazon floodplain assessed through a spatial regression model applied to fraction images derived from MODIS/Terra. IEEE Transactions on Geoscience and Remote Sensing, v. 46, p. 2895-2905, 2008.

ANDERSON, L. O.; SHIMABUKURO, Y. E.; ARAI, E. Cover: multitemporal fraction images derived from Terra MODIS data for analysing land cover change over the Amazon region. International Journal of Remote Sensing, v. 26, n. 11, p. 2251-2257, 2005.

ANDERSON, L. O.; SHIMABUKURO, Y. E.; DEFRIES, R. S.; MORTON, D. Assessment of deforestation in near real time over the Brazilian Amazon using temporal fraction images derived from Terra MODIS. *IEEE Geoscience and Remote Sensing Letters*, v. 2, n. 3, p. 315-318, 2005.

ANDERSON, L. O.; ARAGÃO, L. E. O. C.; LIMA, A.; SHIMABUKURO, Y. E. Detecção de cicatrizes de áreas queimadas baseada no modelo linear de mistura espectral e imagens índice de vegetação utilizando dados multitemporais do sensor MODIS/Terra no Estado do Mato Grosso, Amazônia Brasileira. *Acta Amazonica*, Manaus, AM, v. 35, n. 4, p. 445-456, 2005

CARREIRAS, J. M. B.; SHIMABUKURO, Y. E.; PEREIRA, J. M. C. Fraction images derived from SPOT-4 VEGETATION data to assess land-cover change over the State of Mato Grosso, Brazil. *International Journal of Remote Sensing*, v. 23, n. 23, p. 4979-4983, 2002.

COCHRANE, M. A.; SOUZA, C. M. Linear mixture model classification of burned forest in the Eastern Amazon. *International Journal of Remote Sensing*, v. 19, n. 17, p. 3433-3440, 1998.

CROSS, A.; SETTLE, J. J.; DRAKE, N. A.; PAIVINEN, R. T. M. Subpixel measurement of tropical forest cover using AVHRR data. *International Journal of Remote Sensing*, v. 12, n. 5, p. 1119-1129, 1991.

FERREIRA, M. E. *Análise do modelo linear de mistura espectral na discriminação de fitofisionomias do Parque Nacional de Brasília (Bioma Cerrado)*. 2003. 111 f. Dissertação – Instituto de Geociências, Departamento de Geologia Geral e Aplicada da Universidade de Brasília, UnB, Brasília, 2003.

FERREIRA, M. E.; FERREIRA, L. G.; SANO, E., SHIMABUKURO, Y. E. Spectral linear mixture modelling approaches for land cover mapping of tropical savanna areas in Brazil. *International Journal of Remote Sensing*, Grã-Bretanha, v. 28, n. 2, p. 413-429, 2007.

GARCÍA-HARO, F.; GILABERT, M.; MELIÁ, J. Linear spectral mixture modelling to estimate vegetation amount from optical spectral data. *International Journal of Remote Sensing*, v. 17, n. 17, p. 3373-3400, 1996.

HAERTEL, V. F.; SHIMABUKURO, Y. E. Spectral linear mixing model in low spatial resolution image data. *IEEE Transactions on Geoscience and Remote Sensing*, v. 43, n. 11, p. 2555-2562, 2005.

HAERTEL, V.; SHIMABUKURO, Y. E.; ALMEIDA-FILHO, R. Fraction images in multitemporal change detection. *International Journal of Remote Sensing*, v. 25, n. 23, p. 5473-5489, 2004.

HALL, F. G.; SHIMABUKURO, Y. E.; HUEMMRICH, K. F. Remote sensing of forest biophysical structure in boreal stands of *Picea mariana* using mixture decomposition and geometric reflectance models. *Ecological Applications*, v. 5, p. 993-1013, 1995.

HLAVKA, C.; SPANNER, M. Unmixing AVHRR imagery to assess clearcuts and forest regrowth in Oregon. *IEEE Transactions on Geoscience and Remote Sensing*, v. 33, n. 3, p. 788-795, 1995.

HOLBEN, B.; SHIMABUKURO, Y. E. Linear mixing model applied to coarse spatial resolution data from multispectral satellite sensors. *International Journal of Remote Sensing*, v. 14, n. 11, p. 2231-2240, 1993.

JASINSKI, M.; EAGLESON, P. Estimation of subpixel vegetation cover using red-infrared scattergrams. *IEEE Transactions on Geoscience and Remote Sensing*, v. 28, n. 2, p. 253-267, 1990.

KAWAKUBO, F. S. *Metodologia de classificação de imagens multiespectrais aplicada ao mapeamento do uso da terra e cobertura vegetal na Amazônia*: exemplo de caso na região de São Félix do Xingu, sul do Pará. 2010. 129 f. Tese (Doutorado em Geografia Física) – Faculdade de Filosofia, Letras e Ciências Humanas (FFLCH), Universidade de São Paulo, São Paulo, 2010.

KESHAVA, N. A survey of spectral unmixing algorithms. *Lincoln Laboratory Journal*, v. 14, p. 55-78, 2003.

KESHAVA, N.; MUSTARD, J. F. Spectral unmixing. *IEEE Processing Magazine*, v. 19, n. 2, p. 44-57, 2002.

KRUSE, F.; LEFKOFF, A. B.; BOARDMAN, J. W.; HEIDEBRECHT, K. B.; SHAPIRO, A. T.; BARLOON, P. J.; GOETZ, A. F. The spectral image processing system (SIPS) – interactive visualization and analysis of imaging spectrometer data. *Remote Sensing of Environment*, v. 44, p. 145-163, 1993.

LOBELL, D. B.; ASNER, G. P. Cropland distributions from temporal unmixing of MODIS data. *Remote Sensing of Environment*, v. 93, n. 3, p. 412-422, 2004.

LU, D.; MORAN, E.; BATISTELLA, M. Linear mixture model applied to Amazonian vegetation classification. *Remote Sensing of Environment*, New York, n. 87, p. 456-469, 2003.

MCGWIRE, K.; MINOR, T.; FENSTERMAKER, L. Hyperspectral mixture modeling for quantifying sparse vegetation cover in arid environments. *Remote Sensing of Environment*, v. 72, n. 3, p. 360-374, 2000.

MERTES, L.; SMITH, M.; ADAMS, J. Estimating suspended sediment concentrations in surface waters of the Amazon river wetlands from Landsat images. *Remote Sensing of Environment*, v. 43, n. 3, p. 281-301, 1993.

NOVO, E. M.; SHIMABUKURO, Y. E. Identification and mapping of the Amazon floodplain habitats using a mixing model. *International Journal of Remote Sensing*, v. 18, n. 3, p. 663-670, 1997.

PEDDLE, D.: HALL, F.; LEDREW, E. Spectral mixture analysis and geometric-optical reflectance modeling of boreal forest biophysical structure. *Remote Sensing of Environment*, v. 67, n. 3, p. 288-297, 1999.

POULET, F.; ERAD, S. Nonlinear spectral mixing: quantitative analysis of laboratory mineral mixtures. *Journal of Geophysical Research*, v. 109, n. E2, p. 1-12, 2004.

QUARMBY, N.; TOWNSHEND, J. R.; SETTLE, J. J.; WHITE, K. H. Linear mixture modelling applied to AVHRR data for crop area estimation. *International Journal of Remote Sensing*, v. 13, n. 3, p. 415-425, 1992.

QUINTANO, C.; FERNÁNDEZ-MANSO, A.; SHIMABUKURO, Y. E.; PEREIRA, G. Spectral unmixing. *International Journal of Remote Sensing*, v. 33, p. 5307-5340, 2012.

QUINTANO, C.; FERNÁNDEZ-MANSO, A.; FERNÁNDEZ-MANSO, O.; SHIMABUKURO, Y. E. Mapping burned areas in Mediterranean counties using spectral mixture analysis from a uni-temporal perspective. *International Journal of Remote Sensing*, v. 27, n. 4, p. 645-662, 2006.

QUINTANO, C.; SHIMABUKURO, Y. E.; FERNÁNDEZ, A.; DELGADO, J. A. A spectral unmixing approach for mapping burned areas in Mediterranean countries. *International Journal of Remote Sensing* (Print), v. 26, n. 7, p. 1493-1498, 2005.

RICHARDSON, A. J.; WIEGAND, C. L. Distinguishing vegetation from soil background information. *Photogrammetric Engineering and Remote Sensing*, New York, v. 44, p. 1541-1552, 1977.

ROBERTS, D. A.; NUMATA, I.; HOLMES, K.; CHADWICK, O.; BATISTA, G.; KRUG, T. Large area mapping of land-cover change in Rondônia using multitemporal spectral mixture analysis and decision tree classifiers. *Journal of Geophysical Research*, v. 107, n. D20, p. 40.001-40.017, 2002.

RUDORFF, C., NOVO, E.; GALVAO, L. Spectral mixture analysis of inland tropical Amazon floodplain waters using EO-1 Hyperion. In: IEEE INTERNATIONAL SYMPOSIUM ON GEOSCIENCE AND REMOTE SENSING, 2006. p. 128-133.

SETTLE, J.; CAMPBELL, N. On the errors of two estimators of subpixel fractional cover when mixing is linear. *IEEE Transactions on Geoscience and Remote Sensing*, v. 36, n. 1, p. 163-170, 1998.

SETTLE, J.; DRAKE, N. Linear mixing and the estimation of ground cover proportions. *International Journal of Remote Sensing*, v. 14, n. 6, p. 1159-1177, 1993.

SHIMABUKURO, Y. E.; HOLBEN, B. N.; TUCKER, C. J. Fraction images derived from NOAA AVHRR data for studying the deforestation in the Brazilian Amazon. *International Journal of Remote Sensing*, v. 15, n. 3, p. 517-520, 1994.

SHIMABUKURO, Y. E.; NOVO, E. M. L. M.; PONZONI, F. J. Índice de vegetação e modelo de mistura espectral no monitoramento do Pantanal. *Pesquisa Agropecuária Brasileira* (PAB), v. 33, p. 1729-1737, 1998.

SHIMABUKURO, Y. E.; ALMEIDA-FILHO, R.; KUPLICH, T. M.; FREITAS, R. M. Use of Landsat TM fraction images to quantify the optical and SAR data relationships for land cover discrimination in the Brazilian Amazonia. *International Journal of Geoinformatics*, v. 4, n. 1, p. 57-63, 2008.

VAN DER MEER, F. Spectral unmixing of Landsat Thematic Mapper data. *International Journal of Remote Sensing*, v. 16, n. 16, p. 3189-3194, 1995.